頓悟

一声棒喝，敲破执迷。万顷醍醐，浇灌人间

马银春 编著

中国言实出版社

图书在版编目（CIP）数据

顿悟 / 马银春编著. --北京：中国言实出版社，2014.1
ISBN 978-7-5171-0373-8

Ⅰ. ①顿… Ⅱ. ①马… Ⅲ. ①人生哲学—通俗读物
Ⅳ. ①B821-49

中国版本图书馆 CIP 数据核字（2013）第 315695 号

责任编辑： 周汉飞　谷　力

出版发行　中国言实出版社

地　址：北京市朝阳区北苑路 180 号加利大厦 5 号楼 105 室
邮　编：100101
电　话：64924714（发行部）　64924735（邮　购）
　　　　64924853（总编室）　68581667（少儿中心）
网　址：www.zgyscbs.cn
E-mail：zgyscbs@263.net

经　　销　新华书店
印　　刷　三河市南阳印刷有限公司
版　　次　2014 年 1 月第 1 版　2021 年 5 月第 2 次印刷
规　　格　710 毫米×1000 毫米　1/16　15.75 印张
字　　数　192 千字
定　　价　29.80 元　　ISBN 978-7-5171-0373-8

前言

PREFACE

首先来解释一下书名：

“顿悟”一词，属于佛学术语，源自佛教禅宗的一个修行法门，是相对于“渐悟”尤其是“执迷不悟”而言的。不过本书并不是一本佛法书，而是一本活法儿书。我们要讲的，是一种更适合于世俗大众的“顿悟”。

网上有句流行语，可以作为本书的注释：“读万卷书不如行万里路，行万里路不如阅人无数，阅人无数不如仙人指路，仙人指路不如自己顿悟。”什么叫“自己顿悟”呢？说白了，就是“突然间自己觉悟了”。说得再浅显些，就是“突然间自己想通了”、“突然间自己想明白了”，等等。

“想通了”、“想明白了”，单就这几个字而言，有点简单。但一旦把它与我们的人生挂钩，那就一点儿也不简单了。君不见，古往今来，上至科学巨匠、思想巨擘，下至升斗小民、贩夫走卒，一旦有问题想不通，都会无一例外地紧锁眉头，茫然失措。而一旦福至心灵，突破心中的困扰，便能豁然开朗，喜笑颜开。对一芥小民来说，能不能想通，或许只是他们自己，他们的小家庭是否幸福的问题。可一旦科学家、思想家想通了，想明白了，或者说他们一开始虽然也没有完全想通，但是借助进一步的研究最终想通了，带来的则是全人类的进步和福音。当然，人类的很多悲剧往往是由于某些人想不通造成的。个别因为失恋而自杀的痴情人，或者因为冲冠一怒而发动战争的国家级屠夫们，概莫能外。

“顿悟”，主要在于一个“悟”字，其次才是“顿”字。这恐怕是令很多读者不太满意的地方。这也是我们在前言中必须声明的地方。顿悟，没有那么简单，它需要慧根。慧根来自哪里？来自学习，来自以往的积累。可以说，一个没有积累的人，莫说不能顿悟，一些简单的问题就连想都不会想，又何来顿悟呢？所以，如果您缺乏必要的积淀，那么不妨先读完手中这本书，完成最初的积累。相信您也一定能在本书中发现不少独到的见解。

我们这么说，并不意味着“顿悟”就是一个人的事情。有些事情，有些人能想得通，比如释迦牟尼，当年就是结合自己的生命体验在菩提树下苦思冥想，了悟了大道。但有些人，或者说是多数人，能否顿悟，往往在于他们能否遇到自己生命中的贵人，那个点拨自己的人。事实上，我们也往往在史料、传说或现实生活中看到一些人为了解开心中的困惑，不惜跋涉千山，跨越万水，上穷碧落下黄泉……从这一点来说，本书堪称一本“贵书”，可以让您足不出户，即可完成与古今圣哲的心灵对话，得到全方位的指引，达到自我心灵上的超越。

生命不在于活得长与短，而在于顿悟的早与晚。我想这句话中的“顿悟”，可能更具平民色彩。顿悟不简单，但也不像某些人、某些书说的那么玄。对普通人来说，“顿悟”其实就是大家经常说的“人生感悟”。有经验的人都知道，哪怕是最简单的顿悟，也是一次自我价值的伟大的发现。经历一次顿悟，哪怕是很小的感悟，你也会发现原来好多东西，都蕴藏着哲理。原来有些所谓的真理，其实跟实际情况背道而驰；原来有些走不通的路，恰恰是通天大道。“悟”出了这些道理，你就是个有独立思考能力的人了。

最后要说的是，“顿悟”之说最初源自佛教禅宗，历史上留下了不少极具启发意义的案例，作者在本书的编写过程中，引用了不少禅宗公案和佛学知识，以一个无神论者的视角进行了解读，使其更具现实意义，旨在扬弃封建迷信、个人崇拜等思想糟粕，希望读者予以理解，切莫对号入座。希望这本“活法儿”书，能引导每个人活出一个全新的自我。

目 录

CONTENTS

第1章　根本信仰

1. 人生第一悟

就从佛祖释迦牟尼的降生说起吧：

2500多年前，在四大文明古国之一的古印度，林立着大小数十个邦国，其中有一个名叫迦毗罗卫的小国，因国民富足，且具尚武精神，颇受邻国尊敬。

迦毗罗卫国的时任国王，叫乔达摩·首图驮那，意思是“纯净的白米”，人们都亲切地称他为“净饭王”。净饭王的王后是邻国天臂国的长公主，名叫摩诃摩耶，大意是“美妙且贤惠”，人称摩耶王后。国王与王后感情很好，但婚后多年，摩耶王后始终没能为净饭王生下一儿半女，令净饭王乃至一众大臣都为国家没有继承人而担忧。

好在净饭王50岁那年，摩耶王后幸运地怀孕了。据说，她怀孕前做过一个奇怪的梦：梦见一头六牙白象腾空而来，从右肋进入自己腹中。白象在当时是至高无上的祥瑞。怀孕后的摩耶王后非常高兴，再无以前的忧虑和烦恼。

随着摩耶王后的产期临近，国王依照当地的风俗，派大队人马护送摩耶王后回娘家生孩子。孰料摩耶王后在回娘家的途中，因旅途疲乏，惊动了胎气，结果在一个名叫兰毗尼花园的地方，“提前”生下了王子。

王子虽说是提前诞生，但场面一点不打折扣：佛经上说，王子降生时，天空仙乐齐鸣、花雨缤纷，宇宙大放光明，诸天神现身拱卫不说，天空还直泻下两条银链似的清水，一条温暖，一条清凉，来为王子沐浴。待王子沐浴完毕，清水自动消失。然后，王子向四面八方各踏出七步，每踏一步，他的脚下就涌现出一朵金莲花。最后，王子走回原地，右手指天，左手指地，大声宣称：天上天下，唯我独尊！

不久，得知消息的净饭王及时率众赶来，将王后及王子接回皇宫。五天后，净饭王将国内所有有名望的学者请入宫中，为王子取名。经过讨论，最后大家一致认为王子应该叫乔达摩·悉达多——也就是后人熟知的佛教创始人释迦牟尼的俗家姓名。

“天上天下，唯我独尊”，这八个字历来被称为禅门第一偈，也是令很多初入门者摸不着头脑的问题。因为众所周知，佛教是讲究众生平等的宗教，也是时至今日教义最为平和的宗教之一。而这八个字，听起来却如此耳熟，尤其是在一些武侠小说和相关影视剧中，那些黑道高手、邪教头目，动辄就会叫嚣“天上天下，唯我独尊”，有些还要加上两句：“顺我者昌，逆我者亡”。这多么不符合佛教尤其是佛祖在人们心目中的形象。

其实，这是一种表面化理解。历代高僧大哲对此早有训诫。如唐朝时有个高僧叫云门文偃，有一天，他的一个弟子请教他：“师父，佛经上说佛祖刚出生就向四面八方各走了七步，步步生莲，然后一手指天，一手指地，说‘天上天下，唯我独尊’，这句话是什么意思?”云门文偃说：“可惜我当时不在场，我要在场，一棒子打死喂狗，图个天下太平。”到了宋朝，又有一个小和尚就这个典故请教当时的高僧惠洪，惠洪则说：“如果我当时在场，连云门文偃也一棒子打死喂狗。”这两位高僧这么说，并不是对彼教创始人和前辈心存侮辱，而是想一步到位地点醒弟子，也点醒那些迷信的人：佛，并不是神仙。“佛”这个舶来词语，译成汉语就是“觉者、知者”的意思，说简单点，佛，就是觉悟的人。而佛祖之所以说出“天上天下，惟我独尊”这八个字，也无非是让人们顿悟，每个人都可以通过学习、觉悟成“佛”，也即不迷茫地活着。否则，他就会一头栽进与上面故事类似的神话中不能自拔。看似虔诚，实则愚痴。

这个世上到底有没有神呢？我们举个很简单的例子就能说明：如果佛法真无边，那么当年在中华民族最危险的时刻，一向慈悲为怀、普度众生的佛祖为什么不显显灵，保佑一下虔诚的中国人民，消灭西方列强与日本侵略者呢？当然，我们不能就此说世上没有“佛”。前者说过，佛是觉悟的人，确切地说，佛是觉悟了佛法并在现实生活中付诸实施、身体力行的人。几年前的“南京大屠杀”纪念活动中，有一幅叫作《屠·生·佛》的油画，画作的一部分，展现的就是一位出家人正在拖起一位惨死的老人，准备安葬，与旁边的赤山血海及正在屠杀中国人民的日寇形成了强烈对比。那位出家人，不就是一位现实生活中的佛吗？推而广之，那些每每在人民遭受天灾人祸之际不顾自身安危的子弟兵、警察及见义勇为之士，哪一个不具备佛的精神呢？类似的例子在现实生活中更多。比如，一个人因为经常帮助人，会被人们称为“活菩萨”，但是这个人可能根本就不信佛，不是佛教徒，但你能否认他具有佛的精神吗？

那么，为什么包括佛教在内的很多宗教，流传至今都有了那么多的“神”呢？愚以为这首先在于宗教产生的年代处在人类社会发展的早期阶段，彼时人们对自然界的认识有限，尤其是一些对人生、对世界缺乏基本知识、基本认识的人，会自然而然地对包括佛祖释迦牟尼在内的一些大智慧、大能力、大道德者产生一些崇拜心理，将其神化。换言之，佛祖，不过是个开创了佛学的伟大智者而已。至于有些人愿意相信西天大雷音寺真的有个统领众神的如来佛祖，那是他们的自由，我们可以不认同，但也没必要反对，更没必要让他一定接受我们的理论。另外，有人说到，佛教不是宗教。其实，佛教是众所周知的世界三大宗教之一，没必要掩饰什么。而作为一门宗教，它若想传播开去，那么把创始人及一些重要人物神化，不失为有效方法。

重要的是，要扒下那些歪嘴和尚怀着各种目的为佛祖及各位先哲披上的神化袈裟，挖掘其正面意义，尤其是现实意义。比如，前面讲到的那位宋代高僧惠洪，为什么要说如果他当时在场，要把云门文偃也打死喂狗呢？很明显，他是在隐讳地告诉弟子，学佛，要学佛的精神，不能盲目崇拜，不论正确与否，胡乱接收。

我们知道，释迦牟尼在创建佛教前，也曾刻苦学习，游学四方，并效仿当时的苦行僧，每日只吃一餐，穿树皮，睡粪堆，但这种形式上的所谓修行，根本解决不了他心中的困惑，甚至饿得奄奄一息。好在他及时醒悟，放弃肉体上的苦修，在一棵菩提树下，结合自己的知识和经历及百家之长，苦思冥想多日，最终悟出了自己的“知识体系”。这不仅说明佛祖也好，历代高僧、历代先哲也好，其觉悟、成就及造诣，完全归功于他们的才智和努力。

说到底，“天上天下，唯我独尊”，强调的无非是三个字——信自己。这三个字，看似简单，实际上却是人生首要领悟的至理，我们不妨称之为“人生第一悟”。信自己，才能走出自己的路。信自己，才能走好自己的路。信自己，才能让别人相信你，认同你，成为你的同道中人。否则，你自己心里都没底，别人又怎么信得过你？据此，我们完全可以想象得出，佛祖最初在教派林立的古印度各国传播佛法时，没少向那些对他及他的佛法半信半疑的潜在信徒们大声宣称“天上天下，唯我独尊”。

再说简单点，这个道理无非是杜汶泽在《人间喜剧》中扮演的杀手司徒春运对王祖蓝扮演的失意编剧诸葛头揪的那段经典台词：“你要记住，做人要挺起胸膛。如果觉得自己对，有信心，就要坚持到底。卖剧本给电影公司，就要大声说出来，让人知道你是全世界最有创意的编剧……”

这个世上没有神，只有被神化的人。即使你是个有神论者，你也应该明白，信自己，是一切信仰的根本前提。

2．顿悟与渐修

中国人大都听说过“一指禅”这三个字，也大都在一些影视剧中见过它的强大威力，但很少有人知道，最早的“一指禅”不是指功夫，而是源自一个著名的禅门典故。

话说唐武宗年间，浙江金华有个僧人，单独结庐修行，因为人们对他的俗家姓名、家乡等信息一概不知，只晓得他经常念《俱胝观音咒》，便称他为俱胝和尚。

有一天，俱胝和尚正在自己的草庵里打坐，忽然闯进来一个尼姑，这个尼姑自报法号“实际”，然后绕着俱胝和尚的禅床连走三圈，接着用挑衅的口吻对俱胝和尚说：“听说你修为很高，我且问你，我刚才这是什么意思？你若说对了，我就把头上的斗笠摘下来，给你施礼！”

她绕着我的床走三圈，是什么意思呢？这问题可把俱胝和尚难住了。尽管他明知里面蕴含着无限禅机，但一时之间怎么也捉摸不住。俱胝和尚很好学，当下向对方虚心请教。对方却咄咄逼人，又问了几遍，见俱胝实在不知，便合掌一礼，转身离去。

这让俱胝和尚很受刺激，他心想，亏我还是堂堂大丈夫，见识竟然不如一个比丘尼，我明天就去云游四方，一定要找到答案。说来也怪，当天晚上，俱胝和尚竟做了个怪梦，梦中有一个声音告诉他：“你不必云游，十天之后，就会有肉身菩萨（简单来说就是还在世的出家人）来指点你。”梦做到这里，俱胝和尚就醒了，觉得那个声音似乎还在耳旁，便打消了云游之心。

十天后，果然来了一位高僧——早已名满天下的天龙禅师。俱胝就问天龙，什么是佛法？天龙禅师并不回答，只伸出右手食指，向空中一指，俱胝就大彻大悟了。从此之后，俱胝的名气也渐渐遍布天下，但凡有人来问他，佛法是什么，他便伸出一指，一个字也不说。说来也怪，那些人见了他的一指，也像当初的他一样，立刻晓悟。天长日久，得了个“一指禅”的美名。

后来有一天，俱胝和尚有事外出，适逢有人来参访，见俱胝不在，只有一个小沙弥，非常失望。不料这个小沙弥说：“你有什么问题直接问我吧，我自幼跟师父修行。”那人见小沙弥挺有自信，就问他什么是佛法？小沙弥当即效仿师父的样子，竖起一指，说“就是‘这个’。”那人见了非常高兴，马上跪下来道谢，离开后又广为传诵。没多久，俱胝和尚就听说了这事，因此特意提前回庵，把小沙弥叫到身边，问他："听说你会佛法，是吗?""是。""那你告诉我什么是佛法?"小沙弥立即伸出一只手指——但伸出来就缩不回去了，俱胝把这只手指按在桌上，拿出一把刀子，竟把它割断了！小沙弥哭得撕心裂肺，未几奔向庵外，准备去外面抹眼泪。这时，俱胝忽然叫住他，又问："什么是佛法?"小沙弥再次下意识地伸出指头，但一看，原先那根指头早已不见了，顿时明白了什么，高兴得拜倒在地。

古人云：朝闻道，夕死可也。那个小沙弥到底明白什么宝贵的道理，竟然被割了指头还挺高兴？先哲并未明示，这里不便妄说。我们只问：俱胝为什么要割掉小沙弥的手指呢？

在我看来，俱胝多半是认定小沙弥根本不懂佛法，却装作精通，这对别人是误导，对自己是自欺，比无知更可恨。不管是禅门中人，还是红尘中人，这都是做人的大忌。如果我们再结合其中的禅意来看这件事，就更能认同俱胝对小沙弥的教导了。伸出一根手指头到底是什么意思？无非是"万法归一"四个字。后世禅宗据此总结认为，那根手指的意思是"一即一切，一切即一"。俱胝一指，即是全宇宙，指天指地指人间，指永恒，指生命，指无限，比上一节中故事中提到的一手指天、一手指地，说"天上天下，唯我独尊"的佛祖的手指还更包罗万象，这岂是一个小小沙弥所能完全领悟得了的？而俱胝以及那些见到俱胝及小沙弥伸出手指就能顿悟的人，之所以能领悟，在于他们在此之前做足了功课，苦思良久，只差一层窗户纸，一捅就破。绝不是任何人见到一根手指就能悟道的。对于那个小沙弥来说，如果不让他懂得这些，可能只会害他一辈子也悟不到真谛。所以，禅宗提起俱胝那把割手指的刀，不称其为杀人刀，而是认定其为大慈悲的"活人剑"。当然，这种"活人剑"及类似的教学方法，现在千万不要盲目模仿，否则即便抛开法律问题，至少也已落了窠臼，是“小沙弥一指”的另类重演，不符合禅的精神。

说到这里，我们有必要聊一下“顿悟”与“渐修”的关系。其实，二者都是禅宗的法门，只是因为六祖惠能之后，讲究顿悟的南禅一派日益兴盛，而倡导渐修的北禅一派日渐没落，人们才会在提到禅的时候第一时间想到顿悟。其实顿悟也好，渐修也罢，说到底，都是为了一个“悟”字。如果能够“悟”，渐修有什么不好？世人尤其是今人之所以喜欢顿悟，实在是因为人们大多想少花力气多收获。想想看，读几个禅宗的故事，就大彻大悟了，这多好。但天下哪有那么多的好事？一个人，连基本的佛学名词都没搞懂，是谈不到悟的，自欺还差不多。当然，话说回来，这并不是说顿悟不好，只是说修行顿悟法门需要有相当慧根，门槛不是较高，而是很高。连六祖惠能本人都说：“我此法门，乃接引上上根人。”否则，还是先去渐修的好。而渐修，说简单点就是一五一十地修行，慢慢来，这办法看起来笨，但其实谁也逃不过，因为没有量变，哪来的质变？我们前面提到的，以及下面将要提到的所有顿悟者，在顿悟之前，都渐修过，只是渐修的方式不尽相同。比如“顿悟”的实际创始人六祖惠能，很多人都知道，他是个文盲，连佛经都读不了，因此有些人认为他自然与渐修无缘。其实不然，真正的佛法在生活中。再说，无论是谁，顿悟了之后，也还是要渐修的。只有不断地渐修，才有不断地顿悟。

再放眼整个佛教界，那些禅宗之外的宗派，以及我们生活中的各行各业，无一不是渐修在前，顿悟在后。有些脑筋灵活之人，或许在某一时刻不需渐修就能顿悟，但不下功夫，不可能时时处处顿悟，在一些专业领域更是如此。举个例子：让一个不懂航天的人去顿悟一下嫦娥号，他能顿悟出来吗？

当然，最好的方式还是渐修与顿悟相结合。同样的道理，前面我们说过，做人一定要信自己，信自己是根本信仰，但是人又不能除了自己什么都不信，谁也不信，否则就不是自信，而是自负、自傲乃至拿着无知当个性，拿着小聪明当大智慧了。那样，人就会狂妄，就会浮躁，就会肤浅，就会失败，就会令人生厌。人应该有志气、有豪气，同时也应该保持一颗敬畏、虔诚的心，那样，才不至于在人生的道路上跑偏。

第 2 章　直指人心

1. 智者不言

“天上天下，唯我独尊”是禅门第一偈，“拈花微笑”则是禅门第一公案（典故）。

“拈花微笑”，也作“拈花一笑”，说的是佛祖住世（在世）时，有一次在灵山说法，有个叫大大梵天王的天神姗姗来迟，或许是为了谢罪吧，他向佛祖献上了一朵美丽的金色婆罗花，然后坐在最后的位置聆听说法。

佛祖欲言又止，看了看大家，然后缓缓地把手中的婆罗花高高举起，让大家观看。弟子们和众天神都面面相觑，都不明白什么意思，更不明白佛祖为什么停止说法。只有“十大弟子”之一的摩诃迦叶微微会心一笑。佛祖看在眼里，对大家宣布：“我有普照宇宙、包含万有的精深佛法，能熄灭生死、超脱轮回，摆脱一切虚假表相，修成正果，其中妙处难以言说。我以心传心，不立文字，于教外别传一宗，现在传给摩诃迦叶。”说完，把自己平素使用的金缕袈裟和钵盂授予迦叶，作为信物。后来，中国禅宗将摩诃迦叶奉为“西天初祖”。

摩诃迦叶为什么会微笑呢？谁知道呢！我们可以大胆猜测，但谁也说不准究竟是为什么。然而这并不要紧。重要的是，我们要明白，禅是不可捉摸的，顿悟是可遇而不可求的，强行去解释，去求索，都是脱离禅的基本精神的。

禅是什么？禅是一朵无言的花，禅是一张微笑的脸，禅是心有灵犀一点通，你说它是什么，它就是什么。但你也知道，你说的并不是禅。或者说，你说的只是你自己的禅。除非坐在你对面的是“对的人”。然而与“对的人”在一起，又往往像佛祖那样，很多话其实是根本不必说的。只需一个微笑，一个眼神，就能交流，就能感知。

有时，这种感觉还不好用言语表达出来。但是这种不好用言语表达的语言，在对的人眼中一清二楚。正所谓“一切尽在不言中”。反之，遇到不对的人，你说什么对方可能都不会信。你说出世上最真诚的话，对方却可能没有好脸色。你说得越多，对方可能越过分。这种情况下，保持沉默往往是最好的办法。

有些话根本不必说，有些话说了也没用。还有一些话，需要说得有些禅意，需要巧妙地说，用心说。当然，这类话也只能用心去听了。五祖传法六祖的故事就是个很好的案例：

佛经中说，摩诃迦叶之后，禅宗在印度薪火传承，一共传了二十八代，第二十八代宗师就是我们熟知的达摩，全名达摩菩提。据说达摩活了一百三十多岁，他在印度生活到一百多岁，遵师命于中国的南北朝时期，航海来到中国，创立了中国禅宗，被后人称为禅宗初祖，达摩传弟子慧可，慧可就是二祖，二祖传三祖僧璨，僧璨传四祖道信，道信传五祖弘忍，弘忍最终把衣钵传给了六祖惠能。此后，禅宗发扬光大，也就不用再传什么衣钵了。另外，如前所述，禅宗修行法门分渐修与顿悟，而这两种法门的真正意义的剥离，也是始自惠能时代。

在惠能接掌禅宗衣钵之前，禅门弟子主要是修“东山法门”。“东山法门”，也叫“念佛禅”，简单说来就是把“不立文字，教外别传”的禅宗，通过一些佛经及常规的修行方式，让一般的修行人能够接受，说白了还是渐修。在当时，修行渐修的人叫神秀，也是弘忍的得意弟子，而且在惠能出现之前，相当于弘忍的准传人。

但是惠能出现了。佛经上说，惠能本是岭南人，那片在今天无比繁荣的地带，在当时却是异常偏僻之地，岭南人在中原人看来，就是野蛮人。而且惠能还是个文盲，出家前是个靠打柴为生的樵夫。公元672年，他自感与佛有缘，遂北上湖北黄梅东山寺，拜弘忍为师。据说，当时惠能差点被拒之门外。弘忍问他：“你个岭南人也想做佛吗?”惠能说：“人有南北之分，但佛法也有南北之分吗?”弘忍听了很高兴，就把他留下来，让他在磨房舂米，每天的工作完成后才能听讲佛经。

转眼过了八个月，弘忍认为已经到了任命接班人的时候了，于是便命所有弟子都作一个诗偈，看谁做得最有悟性，最符合禅门的精神，就让谁继承嫡嗣。

首先出场的当然是大弟子神秀，他的诗偈是：“身是菩提树，心如明镜台；时时勤拂拭，勿使惹尘埃。”大意是说，要通过不断地修行，抗拒外界的诱惑和种种邪魔，才能最终成佛。毫无疑问，这是走的“渐修”的路子。然而，有此境界已经非常难得了。因此别的师兄弟们看了后都纷纷叫好，都认为衣钵非神秀莫属。但弘忍却没作任何评价，因为他知道神秀还没有顿悟。

不一会儿，还在舂米的惠能从一个做杂役的师兄口中“听”到了这个诗偈。他说：“这个人还没有领悟到真谛啊。”然后他自己也做了一个诗偈，央求那位师兄帮他写在神秀的诗偈旁边，也就是那首著名的“菩提本无树，明镜亦非台。本来无一物，何处惹尘埃?”

关于惠能这首诗偈的高明，我们就不必详述了，总之，当弘忍看到这首诗偈时，非常高兴，当即决定把衣钵传给惠能。但是他并没有当众表示，相反，他还命人把慧能叫来，故意当着众僧的面说他诗偈乱七八糟，胡言乱语，并命人擦掉，但他却意味深长地在慧能头上打了三下，然后转身就走。他之所以这么做，主要是因为怕自己把衣钵传给惠能，会引起神秀等人的嫉妒和伤害，因此才使用这种禅意的语言，告诉惠能——今天晚上三更来找我。惠能是个聪明人，当天晚上三更，准时潜入弘忍房中，等待多时的弘忍当即为他讲解了《金刚经》这部禅宗最重要的经典，并传了衣钵给他。为防止神秀等人加害，弘忍还授意慧能立即逃走，等待有利时机再光大禅门。于是慧能连夜远走南方，隐居10年后在莆田少林寺创立了禅宗的南宗。而神秀在第二天得知此事后，果然嫉妒慧能，派人去追慧能，试图武力抢夺衣钵，但没有追到慧能。后来，神秀创立了禅宗的北宗，仅传数代即衰。

看过《西游记》的读者，大多对上述故事有点耳熟。没错，《西游记》中孙悟空的授业师父菩提老祖传给他功夫时的场景，与此同出一辙：孙悟空这也不学，那也不学，一心想学长生之法，菩提老祖便假装生气，骂道：“你这猢狲，我教你尝尝戒尺的厉害。”照头顶打了三下，然后拂袖而去。师兄弟们都责怪孙悟空把师父气走了，孙悟空却看出了师父此举的禅意。当天晚上，孙悟空就学到了七十二变……

考虑到《西游记》产生于明代，而惠能是唐人，多半是作者吴承恩拷贝了这段历史。这是题外话，我们还是把话题回归到本节的主题上，即菩提老祖也好，弘忍大师也好，之所以有话不明说，主要就在于有些话不方便说。都是徒弟，教你不教别人，说不过去。另外，光对你好还不够，还得考虑接下来衍生的问题，如师兄弟们的嫉妒和伤害之心。当然，其中也可能有最终考察一下你到底有没有慧根的意思：如果你有慧根，自然能懂；若是顽石一块，那也就没必要来了。

这就是禅意在现实生活中的具体应用。它是有智慧的人创造出来的特殊交流方式，也只有聪明人能够读懂。它最初或许源自于人性的复杂和生活的难以言表，但它本身并不复杂，相反有时还特别简单，只看你有没有一颗禅心，是否愿意从现在起，和生活保持一份禅意的互动。

2. 不立文字，不离文字

终日寻春

尽日寻春不见春，芒鞋踏遍岭头云。

归来笑拈梅花嗅，春在枝头已十分。

上面这首小诗，是一首著名的禅诗，出自中国历史上第一位女禅师无尽藏尼。无尽藏尼是唐代人，是我们前面讲过的六祖惠能的女弟子。但早在惠能出家之前，她就已经出家了。那么，闻道在先的她又为什么会拜在惠能门下呢？这就又引了一个禅宗典故：

当年，五祖弘忍为防止惠能受神秀等弟子伤害，传授衣钵当夜，就让慧能先远遁南方，待时机来到再出来弘扬禅法。饶是如此，惠能在南下途中仍然遭到神秀等人的追杀，若非逃得快，衣钵险些被夺。后来，惠能好不容易逃回岭南，辗转来到一个叫曹溪（今广东省曲江县东南）的地方。考虑到神秀等人不会就此停手，因此惠能不敢去附近的寺庙挂单，只好在当地隐居。

这种生活当然是很艰难的，好在惠能结识了当地一个叫刘士略的儒士，家里有钱，且爱好佛法，还有一个出家的姑姑，也就是无尽藏尼。在刘士略的引荐下，二人相识。无尽藏尼常常诵读《大涅槃经》，但慧根不是太高，有很多想不明白的地方，而惠能只听一遍，就能理解其中的妙义，让无尽藏尼很是钦佩。估计这个无尽藏尼文化水平也不是很高，有一天，她拿着《大涅槃经》，指着经上的一个字问惠能念什么，没想到惠能说："这你可问错人了，我根本不识字。你要问就问其中的道理吧!"

无尽藏尼先是一愣，继尔以一种怀疑的口吻问："你连字都不认识，经都不会读，你怎么会懂其中的佛法?"惠能说："佛法和文字没有关系。"见无尽藏尼还是半信半疑地看着自己，慧能进一步解释说："佛法就好比天上的明月，文字就像我们的手指；手指可以指出明月的所在，但手指却不是明月本身，看月亮也不一定通过手指。"

一番话说得无尽藏尼连连点头，于是她把不明白的佛经念给慧能听，慧能为她一一解答，解决了无尽藏尼困扰心头多年的问题。此后，她在当地广泛宣传惠能是悟道之人，还利用家族影响力，号召当地父老捐钱捐物，在一座毁于战火的寺庙故基上，为惠能重新建了一座寺，也就是宝林寺。没多久，宝林寺就聚集了不少僧人。不过这也为惠能带来了麻烦。九个月后，神秀那些人就循风而来，放火烧山。好在惠能躲入前山一个石窟中，再次逃过一劫。

那个无意中救了惠能一命的石窟，后人称为"避难石"。我没去过，百度上说，它位于今广东省韶关市曲江区南华寺西南方约3公里处的大旺山半山腰，由三块巨石组成，离地两米，就像一个佛龛，里面有六祖当年在洞内打坐时头、腰、臂、膝以及身上的袈裟摩擦洞壁所留下的痕迹。虽然我没去过，不过我仍然可以负责任地告诉你：假的。试想，袈裟碰一下石壁，都能留下明显痕迹，这得多大的神通？有此神通，还用得着躲起来？——告诉你什么是佛法，什么又是佛教传说，这是本书作者的首要责任。

当然，除“避难石”上的伟大痕迹外，这段公案的其他内容还是如假包换的。些许神话色彩，也不影响这段公案带给我们的伟大启示。

会读经的不懂佛法，不认字的倒深谙其妙，这看似不合情理，现实生活中却不鲜见。一个很普遍的例子，有些人，从小就读书，成绩也不错，但大学毕业后连工作也找不到，没办法又去考研，接着读。而有些人，顶多受过九年制义务教育，或者干脆没读过，从小辍学，但日子过得不比前者差，成就不比前者低，生存能力特别强，甚至人生观、价值观等也很让人钦佩。应该说，其中的原因不止一点，但有一点最重要，那就是如惠能所说，要分清“手指与月亮”的关系。具体说来，就是有些人分不清书面知识与实际能力的关系。人们常说，知识改变命运，其实这是一个笼统的说法。首先，知识广泛存在于生活中，更如佛法广泛存在于人世间。我们不能认定那些学历低的人就一定没知识，他们只是理论知识稍差些而已。其次，知识要有实用性。没有实用性的知识，是没有多大意义的。比如一个人，上知天文、下知地理、中知人世，南北极、撒哈拉、亚热带，动物、植物、矿物，几乎什么都懂，但就是不会做饭。当他饿肚子时，这些知识一条也派不上用场。此外，知识需要转化为实际能力。仅仅懂些理论知识，拿着有关部门颁发的一个小本子，是远远不够的。

最后，也是最重要的一点，很多知识是非常玄妙的，尤其是像佛学、禅学之类唯心的知识，不像物理、数学、化学等科学知识，没有定理，没有公式，没法计算，不能称量，需要相当的悟性和相应的生命体验。而悟性和生命体验这种东西，同样没有标准，所以禅宗主张“不立文字”，为的也不过是让后世僧众越过文字，不胶着于文字，从自己的生活中领悟佛法禅机。

那么，禅宗是不是真的“不立文字”呢？当然不是，否则我们今天也就看不到、听不到那些历经千百年流传下来的相关典故及心法了。这些典故和心法，就好比惠能说的手指，没有它们，我们从哪儿学起？所以“不立文字”，实际上也“不离文字”。

比如典籍上说，脱胎于中国禅宗的日本曹洞宗著名禅师白隐有位弟子，有一段时间，他自认为已经开悟，既不拜佛，也不焚香，还撕扯《大般若经》当草纸。别人批评他，他就说：“我就是佛，佛就是我。我们禅宗讲究不立文字，这些经文全是废纸一堆，拿来擦屁股，有何不可！”白隐禅师知道后，就把他叫来，对他说：“听说你已经成佛了，可喜可贺！但是佛的屁股是何等尊贵，用这种废纸当草纸，不是太不相称了吗？以后你还是用清洁的白纸吧！”一番话说得他不好意思起来，从此痛改前非，正心修行。

禅宗历史上，不是没有类似的行为，比如以烧佛像著称的丹霞禅师，和我们此前说过的“俱胝一指”的公案一样，如果不懂得其中的奥妙，那是不能随便伸手的。不懂装懂，人家说“不立文字”，他就把佛经拿来擦屁股，这叫狂禅、浪禅、野狐禅，不是真禅。想得真禅，还得从潜心研读经典开始。

我们在前面一节说过，有些话根本不必说，有些话说了也白说，但这并不是说就一定不说话。禅宗的大师们，也没少用语言提点弟子。

同样的道理，禅宗虽讲究“不立文字”，但也从未主张尽废文字。不立文字，可以传法；立了文字，有利于更广泛地传法。所以，历代高僧大德仍然为后世留下了汗牛充栋的语言和文献，它们就好比惠能所说的手指，虽然未必能准确无误、丝毫不差地为我们指出月亮在天空中的具体位置，毕竟有时候月亮会为乌云所遮蔽，但它至少可以让我们循着那根手指，望向天空。

第3章　给自己松绑

1. 解铃还需系铃人

谁是中国禅宗初祖呢?

我们已经说过，是达摩。也正是因为此，中国禅宗又称“达摩宗”。不过，达摩这个中国禅宗初祖的地位在学术界却是存疑的。近代史上的著名学者胡适先生等人，就认为历史上虽然真的有过达摩这个人，也是禅宗大师，但远没有像那些传说的公案所说的那么辉煌。

好在本书不是纯学术之作。学术的问题，留待史学家们去考证。既然当下绝大多数人都把达摩认作禅宗初祖，那我们就“立足当下”，详述一下达摩在中国开宗立派的传说。

达摩生于南天竺，据说也是个王子，后来出家做了印度禅宗第二十七代祖师般若多尊者的大弟子，在师父身边侍奉了整整40年。般若多去世前，传法于达摩，并要达摩在自己死后60年，把禅宗传到中国。弥留之际还说了一个非常灵验的诗偈：“路行跨水复逢羊，独自栖栖暗渡江。日下可怜双象马，两株嫩桂久昌昌。”“跨水”，就是说达摩要到中国，得渡海东行，“逢羊”指他在广州登岸，因为广州叫“羊城”，“渡江”说的是他在中国南方没法弘法，只好渡过长江北上，在北方开宗立派。至于“日下可怜双象马，两株嫩桂久昌昌”，说的是达摩后来收了不止二祖慧可一个徒弟，其余几个徒弟如道育、道副、昙林等人也很优秀，但是他们传法时遭遇到的阻力特别大，最终子弟凋零，只剩下了以慧可为宗的南禅与北禅两支。

回归正题，且说达摩来到中国后，先去南朝见了好佛的梁武帝，话不投机，便一苇渡江，北上嵩山少林寺，在寺外一个山洞中面壁而坐，静悟佛理。传说他一共面壁了九年，深入禅定，连小鸟在他肩上筑巢都没察觉，影子都印在了石壁上。

消息传开，有一位叫神光的僧人慕名而来，早晚求见，希望能拜达摩为师，达摩却根本不理他。有一天夜里，下起了鹅毛大雪，神光却不避风雪，在达摩修行的洞外站了一个通宵。

达摩问他：“你一直站在雪中，有什么心愿吗？”

神光说：“希望师父教我佛法！”

达摩说：“这可不是轻而易举的事，历代高僧，为求至理，花费了无限光阴，付出了巨大代价，你凭什么求道呢？”

说到这里，他有意无意地看了一眼洞外的雪地，说：“除非天降红雪，否则我是不会收你的。”

神光听到“天降红雪”四个字，突然灵机一动，只见他抽出戒刀，将自己的一条手臂砍了下来！鲜血喷在雪地上，可不是“天降红雪”吗？一来，达摩有言在先，二来，见神光有如此魄力和毅力，非常感动，当即收他为徒，并赐名“慧可”，也就是禅宗二祖。

有一天，慧可对达摩说：“弟子的心总是六神无主，不知所措，请师父为我安心！”

达摩说：“好吧，你把心拿出来，我为你安心！”

慧可说：“我怎么可能拿得出心来！”

达摩笑道：“我已经把心给你安好了。”

过了数年，达摩和慧可先后涅槃，禅宗的衣钵传到三祖僧璨手上。有一天，当时还是一个小沙弥的道信向他求教说：“望大师慈悲，传我解脱的法门。”

僧璨问他：“解脱？谁绑住了你？”

道信一愣，转而说：“没有人绑住我。”

三祖又问：“既然没有人绑住你，又何来解脱？”

道信闻言大悟，拜在三祖门下，后来接掌了衣钵，也就是四祖。

还是那句话，忽略掉神话，我们只看这个故事的启发意义。它告诉我们，即使是二祖、三祖那样的高僧，顿悟之前也是普通人一个，和我们没任何区别。而且，即使是达摩祖师，他也没法给弟子安心。他只能通过看似不着边际的神奇禅语，启发弟子，心安与不安，只是一种自我感觉。你既然没办法把心拿出来，那么，解铃还须系铃人，自己尝试着远离那些让自己心神不安的因素吧！

三祖与四祖的对白更加浅显易懂：谁绑住了你？既然不是别人，那就是你自己。自己的绳子自己解。别人给你解开，只怕你还把自己绑上！

当今这个社会，很多人都把自己绑上了。比如提起来就让人上火的房子。高房价，这是个现实，不管它合不合理，既然是现实，短期之内还无法改变，那么最好的办法就是潇洒面对。潇洒面对，是务实，是理智，是自我安慰，是精神理疗，也是一种气魄。一个有志气的人，是不会为一套房子闹心的——那还太小了点儿。从另一个角度想，一个人买不起房，其实更应该快乐，因为他能把握的也只有自己的心情了。一个既无法左右环境、也无法左右内心的人，是全方位的失败，是人间至惨。千万别把自己搞得那么惨。

一个人，如果不学会这么想，即使有了房子，也有数不尽的烦恼。

我认识一位成功人士。去年，他参加了一个所谓的心灵修行班。怎么修行呢？开课的大师在北京周边的某处深山，搭建了几处茅屋，让他和一批能交得起巨额修行费用的学生，住进里面，手机、笔记本全部交出，每天不洗脸、不换衣、不吃肉、不上网、不办公，喝白开水、咬硬馒头、念《金刚经》……其结果是，在大师的指引下，他不仅花钱买罪受，而且还大大影响了生意与妻子、朋友的关系。他也曾愤愤不平，找大师讨公道，但大师不愧为大师，一句话就打发了他："天雨不润无根草，佛陀难度无缘人。"

是他资质鲁钝、没有慧根吗？未必。一个资质鲁钝的人，白手起家，坐拥上千万资产，这有点儿说不通。莫非大师是冒牌的？也未必。至少据这位成功人士自己说，该大师多少还是能够讲出些道理儿的。

那么真正的原因是什么？

或许是我们过于依赖大师。我们的书名叫什么？顿悟！道都是自己悟的，哪能寄希望于别人呢？解铃还须系铃人。人们又说，"作茧自缚"，想解开自我绑缚的枷锁，只能自己动手。想解答心中的迷惑，最好自己动脑。即便佛祖亲临，他顶多也只能给你一声棒喝。

2. 形形色色的“套”

陆亘是唐代高官，曾任宣州刺史。有一天，他去拜访当时的著名禅僧南泉普愿，一见面就给对方出了个“脑筋急转弯”：有这么一个人，他在一个瓶子里养了一只小鹅。天长日久，小鹅长成了大鹅，被困在瓶子里，再也出不来。现在，这个人是既不想打破瓶子，又想把鹅救出来，请问禅师，假如是您，怎么做才能让鹅出来？

陆亘刚说完，南泉普愿就高声叫道：“陆亘！”

“在！”陆亘很自然地答应道。

南泉普愿一笑：“这不就出来了嘛！”

陆亘先是一愣，继尔也笑了。

上面这个故事，被后人总结为“南泉救鹅”，除此之外，还有一个“南泉斩猫”的公案，我们一并讲讲：

有一天，一只漂亮的白猫忽然跑进了南泉禅师主持人禅院，弟子们见了，都抛下佛经木鱼，纷纷上来夺猫，想据为己有，一时争持不下。这时，南泉禅师闻讯赶来，一把夺过白猫，按在地上，然后命一个弟子取来一把刀，放在猫脖子上，说：“你们要是得道，我就让它活命；你们要是不得道，我就把它杀掉！”弟子们你看看我，我看看你，谁也猜不出南泉话里的意思，因此不敢作声。南泉看了他们一眼，一刀斩下，白猫就变成了死猫。不一会儿，南泉禅师的另一个徒弟从谂，也就是禅宗史上大大有名的赵州和尚，从寺外回来了，他听说这件事后，当即脱下自己的草鞋，顶在头上去见老师，南泉禅师见到后就说：“今天你要是在场，那只猫就不用死了。”

现在，我们回到第一个故事的结尾，陆亘为什么也笑了呢？因为他终于明白了一个道理：一个正常人是不会在瓶子里养鹅的。所谓的瓶中之鹅，其实是他那颗庸人自扰的心。这正如世上的很多人，为各种“瓶颈”不能突破而痛苦，但只要他们愿意承认，就不能否认，很多“瓶颈”原本是他们自己为自己量身打造的。很多“瓶颈”，也是他们只要愿意就能立即跳出来的。只是他们不愿意而已，他们心中那只欲望的小鹅越长越大，早已把他们卡在了“瓶颈”中。

别给自己下套。

有些套则是别人给我们设的，如第一个故事中的“脑筋急转弯”。好在南泉禅师心明眼亮，根本不上钩。你有你的圈套，我有我的禅机；不顺着你的思路走，你就别想把我套牢。

西方世界的历史大名人亚历山大大帝，也曾遇到过类似的问题。据说，公元前333年，亚历山大率军侵入阿拉伯半岛，占领了昔日古伦帝那王国首都格尔迪奥恩。在这个城市中有座神殿，神殿中摆着一辆古老的战车。战车上系着一个当时十分著名的“格尔迪奥斯绳结”，根据传说，能解开这个绳结的人就是亚洲的统治者。但是几百年来，没有任何一个尝试者能够解开。初时，亚历山大也想打开这个绳结。失败几次后，他突然灵机一动——抽出佩剑，挥剑将绳结砍成两半——结打开了！

我国南北朝时期的北齐文宣帝高洋也曾“挥刀斩乱麻”。史书上说，高洋小时候，因为外表丑陋，神情迟钝，人们以为他是弱智。其实他是大智若愚。有一次，他的爸爸高欢想考察一下几个儿子的智商。他分给每人一团乱麻，让他们理顺清楚。当兄弟们都在一根一根理乱麻时，高洋却拔出腰刀，只一刀，便将乱麻斩断。高欢高兴地夸奖他说："你的见识和谋虑都比我强，将来肯定会有一番大作为。"

除了自己设的套，别人下的套，有时候生活也会随机为我们下一些套。"南泉斩猫"说的就是这个问题。在故事中，赵州和尚把草鞋顶在头上，意为"本末倒置"，说的是那些师兄弟们不该为了一只突如其来的猫，而忘了自己出家原本是有伟大追求——做佛。况且哪怕是个居家的居士，也还懂得佛法讲究四大皆空，身为著名禅僧南泉的高足，怎么可以为了一只猫而贪嗔痴三心皆起呢？所以，南泉禅师手起刀落，将猫斩为两段，意在警醒学人，养宠物回家养去，争小利俗世争去，这里是禅院，是修禅、求道的地方！只可惜那些弟子们未必懂，可怜那只猫了。

最后要说的是历代对"南泉斩猫"的非议。不为别的，南泉是僧人，而僧人首戒杀生。尽管他斩猫是为了启示弟子，但方法也不妥。所以有人说，赵州和尚把草鞋顶在头上，其实也是在暗示老师：您破除他们的魔障没什么不好，可您这么做是不是有点儿极端，有点儿本末倒置，有点血腥了？

其实不然。这样说的人，或许懂点佛法，但显然不懂禅。禅是什么？把禅学发扬到全世界（主要是介绍到西方世界）的日本近代著名禅学学者铃木大拙说："禅不是一种教化，禅要把一切羁绊彻底抛却。"什么叫羁绊？与认识佛法、了悟禅机没有太多关系的人为规定的教条，都是羁绊。比如众所周知的"荤戒"，即出家人不仅不能吃肉，也不能吃什么素中荤——葱、姜、蒜等。这规定本身无可厚非，但我们一定要知道，这些规定也不是绝对的。佛祖当年在菩提树下顿悟前，也曾接受一位牧羊女供养的羊奶，靠着羊奶的营养，恢复了因苦行而耗损的身体健康。羊奶是不是荤？佛祖算不算破戒？自然算不上。那时候根本就没有“荤戒”的说法，中国的“荤戒”始自梁武帝。而我们知道，梁武帝是个与禅无缘的佛教徒。别的不说，至少禅宗人士大可不必坚守他订的规矩。我这么说，并不是提倡大家都去对抗这些类似的戒条，只是抱着研究的态度就事论事。说得不对，欢迎斧正。再比如，我们中国人熟悉的济公，以及日本的一休禅师，他们都是道法高妙的禅僧，但是他们也都是破戒之人，不仅破了肉戒，还破了酒戒，更为后世留下了一句“酒肉穿肠过，佛祖心中留”的口头禅。而有些人，不吃肉，不喝酒，表面上各种戒律都守得很好，却也未必就是个好人。

最重要的一点，南泉斩猫，至少从理论上来说，是符合禅者的精神的。参禅最忌讳的，就是自己给自己下套，讲究的是灵动、超越、无拘无束。至于别人说什么，就让他们说去好了。用专业的话说那叫“狂叫暴呼任他评，桃红李白色自然”。

具体到我们普通人，那就是要尽量摒除那些世俗之见。世俗社会，遍布几千年历史留下来的各种圈圈套套，有些等着我们去钻，有些被人拿来诱惑、攻击我们。对此，该看透的得看透，该识破的得识破，该踢开的得踢开，越早从中解放出来越好，离得越远越好。当然，世俗的“套”，最普遍，也最难突破。

第4章 命运曲线图

1. 握紧双拳

相传明朝时，有个年轻人跟亲戚合伙贩棉花。他们第一次外出进货，就遭遇了数十年不遇的暴雨，数千斤棉花沤在库房里，全部霉烂，损失惨重。年轻人黯然返乡，不久，其父经营的饭馆又因意外失火被烧成一堆瓦砾。原本富裕的家境从此一贫如洗，年轻人的父母还因为悲伤过度先后病故。迷茫的年轻人来到集市上，请一个据说很灵的算命先生为自己卜了一卦。算命先生掐算一番，如实相告：年轻人，实不相瞒，你这辈子都不会再有发迹之日。你不用难过，这都是命中注定啊！

年轻人万念俱灰，从此破罐儿破摔，啥事不干，靠几个亲戚接济勉强度日。终于有一天，他厌倦了这个世界，独自跑到河边自杀，好在被一个过路人看到，及时将他救起。路人问他年纪轻轻的为什么要寻死，年轻人就将自己的不幸遭遇告诉了路人。路人说，是吗？不过你有没有想过，万一那个算命先生算得不准，你岂不是死得很冤？年轻人吃惊地看着路人，因为这个问题他此前根本不曾想过。接着，路人又告诉他，你不如到附近的湛山寺去拜谒一个名叫惠明的禅师，他不仅算得准，而且能为你消灾解难，指点迷津。

与路人分手后，年轻人心怀最后一线希望，前往湛山寺拜见惠明禅师。见到禅师后，他将自己的不幸遭遇对惠明禅师倾诉了一遍。

惠明禅师微捻苍髯，静静听他说完，然后示意年轻人走到自己身前，说："能伸开你的左手，让我看看好吗？"

年轻人伸出左手，心想，难道要给我看手相？果不其然，只见对方把他的手掌捧住，端详了又端详，最后指着他的掌纹说道："瞧，年轻人，这一条就是你的生命线，会预示着你的寿命有多久；这条呢，是你的财富线，它显示着你将来能聚集多少财富；还有这条，这叫姻缘线，你的婚姻和情感经历都在上面。这三线合起来，统称命运线。"

"但是，"惠明禅师顿了顿，说："现在，请把你的左手握起来。"年轻人依言。惠明禅师又说："小伙子，现在你告诉老僧，你的生命线、财富线和姻缘线，它们在哪里？"

"它们在哪里？还不就在我的手掌心握着吗？"年轻人迟疑地回答。

"对啊！不仅你的命运在自己的掌中握着，老僧，以及天下芸芸众生的命运都握在自己手中啊！回去吧，好好把握自己的命运。"

年轻人终于醒悟，从此重新振作，他从给人帮工做起，慢慢地在街上摆了个小吃摊，生意一点儿一点儿做大，后来又开起了一家大酒楼，据说这就是今日山东青岛市著名老字号饭店"三盛楼"的前身。

著名武侠小说作家温瑞安曾在《惊艳一枪》中说过："一个人开始关心自己的命运的时候，通常都是失却信心的时候。"老百姓也常说："富看风水穷算命。"算命是失意者的下意识动作，是对生活缺乏信心、对未来丧失希望的悲观心理的直接表现。

即使是不失意的中国人，大都也有些“宿命感”，这大概是受儒家“生死由命，富贵在天”之说的影响。而佛教，当然也讲宿命，对此，我们必须有一说一。但是有一点，我们始终在强调，我们的主题是顿悟，是禅，绝不能把它们与佛教相提并论。实际上，禅并不是佛教，真正意义上的禅，实际上是糅儒、释、道乃至先秦诸子百家精神于一体的产物，早已超出了佛学的范畴。如上述故事中惠明禅师的话，就颇合墨子的“非命”之论。

墨子的“非命”是专门针对儒家的“生死由命，富贵在天”而言的。墨子在书中举例说明：“著名的暴君，夏桀、商纣、周幽，他们贵为天子，富有天下，放纵欲望，除了游猎就是饮酒作乐，不顾政事，且残暴地对待百姓，结果失去了国家。失败之后的他们谁也不说‘是我不好好治国，结果失去了天下’，而是说‘我命里本来就要失去天下’。很多愚昧的百姓也是这样，他们不好好做人，不好好做事，贪于饮食，懒于劳作，久而久之，生存都成了问题。但他们从来不说是因为自己好吃懒做才会导致这样的结果，而是说自己命里就很穷。”最后，墨子总结道，暴君编造这些话（与命有关的话），穷人复述这些话，儒家则起到了帮凶的作用，惑乱百姓、愚弄那些没有见识的人。

类似的情形也表现在佛教与封建统治者的关系中。佛教之所以能在三教中后来居上，主要一个观点就是佛家的轮回、宿命、来生等等之说，有利于封建统治者愚弄无知百姓，有利于他们的统治。这也是今天为什么有些人一听到儒家、佛教等等就反感的深层原因所在。

本书作者坚决认同墨子的观点，即“非命”之说。说到这里，不得不提及“革命”这个词。勿庸讳言，了解先秦历史的人，大都能从墨子身上看到“革命”的影子。或者可以说，墨子是个不自觉的“革命”领袖，从一定程度上说也代表着当时的平民利益。此外，墨子不同于其他先秦诸子，停留在“坐而论道”的基础上，到哪里都只凭一个脑袋、一张嘴、一支笔，而是建立有自己的军事组织。该组织成员主要由其弟子组成，称为“墨者”，他们与墨子一道，宣传墨家思想，致力于反对兼并战争，能做到赴汤蹈火，视死如归。只是受限于多种条件的制约，墨子的“革命”精神不能更进一步。这是墨子留给我们的遗憾，然而能让我们遗憾的，也只有墨子。

在过去很长一段时期，“革命”一词是不能随便提及、贸然讨论的。时至今日，在缅怀革命先烈的同时，我们也可以大胆地对“革命”下一个定义——具体到单一个体而言，“革命”，无非改革、改变、改造自己的命运。

著名作家毕淑敏说过：“我从不相信手掌上的纹路，我只相信手掌加上手指的力量。”没错，命运是可以改造的，人生的曲线图一直在自己掌中。如果你的命现在不太好，不要去找人看什么手相，只需把双手攥成双拳，就能将命运握在手中。

2. 说“命”道“运”

从前有座山，山上有座庙，庙里有个老禅师，收了个徒弟，修行多年，却没什么长进。久而久之，徒弟觉得自己不是修行的料，便想下山返回尘世。

徒弟便去向师父辞行，他说：“我天资愚钝，脑袋像顽石一样，不是参禅悟道的料。我辜负了师父的教导，只好下山还俗去了。”

老禅师料他只是因没有进步而灰心，而不是铁定要还俗，便指着寺中一尊石雕的佛像问他：“你面前的是谁？”

“是神圣的佛祖。”

“它是用什么做成的？”

“是用石头做成的。”

老禅师说：“连石头都能做成神圣的佛像，这可是天下的奇迹啊！”

徒弟一听，恍然大悟，立即打消了还俗的念头，进一步发愤学习，体悟禅道，终成一代禅师。

要理解这个故事，我们有必要详细地解答一下什么叫“命运”。命运，笼统地说，泛指人生的际遇，有时候也指趋势，如我们常说的“关心国家命运”等。细致点儿说，命是命，运是运，即“命运”是个合成词。比如我们前面提到过的儒家的“生死有命，富贵在天”之说，它就只说“命”，而没有说“运”。这有差别吗？当然有。古语有云：命由天定，运由己生。说明命是与生俱来的，泛指一个人的先天条件，比如一个人生在什么时代，生在什么样的家庭，遇上什么样的父母，等等，这些都是个人无法决定的，只能接受“命”的安排。除此之外的其他因素，则可以概括为“运”，比如一个人选择什么样的方向，走什么样的路，付出何种程度的努力，等等。其中，努力是最重要的一点，所以人们又说：三分天注定，七分靠打拼。

总的来说，“命”是不可改变的，而“运”则是可以改造的。在命运的洪流中，人并非不可作为。当然，正如歌中所唱的：“幸福没有那么容易，才会那么令人着迷。”人们之所以总是感叹命运，就在于命运不是那么好改造的。不过话又说回来，因为难，就认命吗？尤其是年轻人，绝不能轻易认命，一定要趁着自己还能改变命运，尽量主宰、扭转自己的命运。否则，像故事中的徒弟那样，做人难就出家，修行没进展又想还俗，遇到困难就退缩，没有发展干脆放弃，这种人，到哪里一般来说都难有成就。

为了更好地说明问题，再来看一个更有说服力的真实案例：

几十年前，一个黑孩子降生在美国某贫民窟中。他有两个哥哥、一个姐姐、一个妹妹，父亲微薄的工资根本喂不饱全家人的肚子，所以他从小就在贫穷和歧视中度过。对于未来，他看不到什么希望。没事的时候，他总是蹲在低矮的屋檐下，呆呆地看着远山，沉默而沮丧。

13 岁那年的夏天，父亲突然递给他一件旧衣服，问："这件衣服大概值多少钱?""1 美元吧。"他回答。

"你能把它卖到两美元吗?"父亲又问。

"傻子才会买。"

"你为什么不试试呢? 你已经长大了，家里不好过，要是你能卖掉它，也算帮了我和你妈妈。"

他这才点点头，接过衣服："我可以试一试，但我不一定能卖掉。"然后，他把那件衣服很仔细地洗了一遍，又用刷子代替熨斗，把它刷平，直到阴干。第二天一大早，他就带着这件衣服来到一个地铁站，在那里整整叫卖了 6 个小时，最后终于以两美元卖出了它。他紧紧攥着这来之不易的两美元，一路奔回家，交给父亲。此后，他开始热衷于从垃圾堆里淘捡有钱人丢弃的旧衣服，打理好，卖些小钱，补贴家用。

过了一段时间，父亲又递给他一件旧衣服，提出了更高的要求："你看这件衣服能不能卖到 20 美元?"看着他疑惑的神情，父亲还是当初那句话："为什么不试一试呢?"父亲离开后，他想啊想，终于想出一个好办法。他找到正在学画画的表哥，让表哥在衣服上画了一只可爱的唐老鸭和米老鼠，然后带着它来到一个贵族子弟学校门口。那天傍晚，一个来接小少爷的阔管家为他10岁的小少爷买下了这件衣服。他当然不会穿它，但他非常喜爱衣服上的图案。小少爷一高兴，还让管家给了他5美元的小费。25美元，他父亲当时一月的工资也不过如此。

没想到的是，当他把25美元交给父亲时，父亲又拿出一件旧衣服，再一次说："你能把它卖到200美元吗?"这一次，他没有任何犹豫，他相信自己一定有办法。至少，自己可以试一试。两个月后，机会来了——当红电影《霹雳娇娃》女主演拉弗希来到纽约为自己的新片造势宣传时，他带着那件浆洗一新的衣服，和一大群粉丝围在记者招待会会场外。招待会一结束，他猛地推开一个保安，冲到拉弗希面前，举着旧衣服请她为自己签个名。拉弗希先是一愣，继尔露出微笑，流利地在那件旧衣服上签上自己的芳名。他笑着问："拉弗希小姐，我能把这件衣服卖掉吗?""当然，这是你的衣服，你怎么处理是你的自由。"他礼貌地说声谢谢，然后欢呼起来："快来看，拉弗希小姐签名的运动衫，只要200美元!"出乎所有人的意料，这件旧衣服竟然引起了现场粉丝的竞拍，最终，一个石油商人出了1200美元的高价，收购了它!

回到家，他和父母及兄弟姐妹陷入了狂欢。当晚，父亲与他抵足而眠。父亲问："孩子，你从卖衣服当中，明白了些什么吗?"他答："我明白了，您是在启发我，只要开动脑筋，办法总是有的。"

父亲点点头，又摇摇头，说："你说得对，但这不是我的初衷。"父亲说："我只是想告诉你，一件被丢弃的旧衣服，都有办法高贵起来，何况我们这些活生生的人呢？我们有什么理由对生活丧失信心呢？我们只不过黑一点儿、穷一点儿。"

父亲的话，像一道闪电，直击他的心坎。是啊，连一件旧衣服都有办法高贵，我有什么理由妄自菲薄？从此，他开始努力学习，刻苦锻炼。20年后，他的名字传遍了世界，他就是迈克尔·乔丹。

努力，不一定能让我们都变成乔丹，但至少会让我们超越从前的自己。人们常说，要改变命运，要打个翻身仗。其实，改变命运不是变魔术，更多的时候，命运的改变来自长久的能量积累。只有量变，才能引起质变。这一过程，漫长且艰难。很多人之所以选择放弃，选择认命，就在于他们虽然也知道，冬天来了，春天必不会远，但期盼中的春天迟迟不来，由不得他们不怀疑这就是自己的命运。殊不知命运就是一个人的人生轨迹，而改变命运轨迹的唯一办法，就是不断地走下去。越是艰难的时候，越是需要信心的时候。信心是命运的主宰。你的信心走多远，你的命运就能走多远。后退还不容易？认命还不容易？当你选择后退的时候，你的命运也便就此定格了。

第 5 章　大梦谁先觉

1．妙在半梦半醒间

《百喻经》是一部流传范围很广的佛教经典，里面都是一些譬喻，类似于寓言，寓佛理于简单的故事。其中有一个《伎儿作乐》的譬喻，说的是从前印度某小国有个著名的乐师，技术高超，连国王都请他去演奏，并答应演奏完给他一千两银子的报酬。可演奏结束后，国王却不想支付。乐师就委婉地向国王索要，国王却要赖皮说："并不是我不给你钱。你看，你奏乐给我听，不过让我的耳朵空欢喜一场；我答应给你银子，则是让你的心空欢喜一场。咱们俩这不扯平了吗？"

毫无疑问，这个寓言是非常荒谬的。尤其是故事的主角之一，身为国王，却食言而肥，还振振有词。不过静下心来想想，作者安排他说出那番狡辩之辞，无非是为了传达佛家"四大皆空"的思想，让人们明白人生无常，切不要把有限的人生都用在追求无限的财富和低级欢乐方面，否则到头来只能是空欢喜一场。

不过这个寓言对现代人来说几乎是多余的。有才华的网友们早就发明出了“神马就是浮云”的流行语，更有才华的网友则说：“人生就像是茶几，上面摆满了杯具；人生又像是茶杯，本身就是个杯具；人生也像是茶叶，终究要被浸泡在杯具之中；当你努力跳出一个杯具时，却发现自己跳进了另一个杯具；当你再次一跃，终于没有跳入杯具，却发现自己依然身处餐具之中……一跃一跃，终于你没有跳入杯具或餐具，但你已然掉下茶几了……”怎不令人感慨！

“神马就是浮云”，也不仅仅是现代人才有的感慨。魏武帝曹操早就有名篇：“对酒当歌，人生几何？譬如朝露，去日苦多。”用禅师们的话说，人生只在呼吸间，都来不及慨叹！

不过，禅宗也说：“空即是色，色即是空。”以往提到这八个字，人们往往奔歪处想。其实这里所说的“色”，并不是人们头脑中所谓的女色，“色”，在佛家泛指一切有颜色的东西，也即我们肉眼能看到的物质世界。而“空”，也并不是说我们看到的这个世界完全没有，空空如也，一切都是幻象，而是说一切东西都会改变，都有其寿命，最终都会成空。但是话说回来，自然的伟力在无时不刻地改变现有世界的同时，也在无时不刻地创造着未来世界，所以又说“空即是色”，类似于道家的“无中生有”。

“空即是色，色即是空”的现实意义在于，很多人往往只看后半句，而不看前半句，更不懂得把前后两句结合起来看，这样，人就容易走向极端。比如有些人，打着悟道、想通了、活明白了的名义，打着“神马都是浮云”的招牌，不求上进，及时行乐，混一天是一天。其实他们哪里知道，真正的觉悟者，固然有知足常乐、随遇而安的一面，但同时也有勇猛精进、上下求索的一面。

网上有个小故事，用在这里再好不过：

一个青年靠在一棵歪脖树上晒太阳，一边儿晒一边儿唉声叹气。一位禅师从旁经过，问他："年轻人，天气这么好，你不去做事，在这儿唉声叹气干什么？"

"唉！"年轻人又叹了一口气，说："神马都是浮云。我又何必费劲去做什么事情呢？"

"你没成家？"

"没有。成家太麻烦，所以我干脆不成家。"

"你没有喜欢的人？"

"没有。爱过后是恨，聚过后是散，所以我干脆不去爱。"

"你没有朋友？"

"没有。与其交往之后还会失去，不如干脆不结交。"

"你没有工作？"

"没有。工作不过是为了赚钱。赚了再多的钱，到头来还不是两手空空？"

禅师想了想，问："既然这样，你能借我一根绳子吗？"

年轻人感到很奇怪，说："你要绳子干什么？"

禅师说："给你系在这棵歪脖树上，成全你啊！你终究是要死的，不如现在就别活了。你有绳子吗？我这就帮你系上……"

一句话，人生不能太狂热，也不能太颓废。如何把握其中的尺度呢？台湾著名作家林清玄有一篇著名的散文，叫《半梦半醒之间》，说得就很好："对于真正的懒人，再好的闹钟也没有用，闹钟是给那些介于半梦半醒之间的人使用的。那么谁才是半梦半醒之间的人呢？答案就是普普通通的张三和李四，你和我。那些一听到闹钟响，立刻能处在清醒状态的人叫做'慧根'。如果闹钟怎样叫也叫不醒，甚至爬起来把总开关关掉，这种人叫'钝根'。一般人既不是'慧根'，也不是

'钝根'，而是'凡根'。所谓凡根，是会清醒、会迷失、会升华、也会堕落；是听到闹钟响时，徘徊挣扎在半梦半醒之间的人。他们会在叮咛、嘱咐和催促中醒来，但无论在现实中遭遇到什么，他们都能顺利地再次入梦——对梦想怀抱热忱，对现实敢于直面。这样看来，现实与梦想，也并非鱼与熊掌，不可兼顾——只看你是否能拥有半梦半醒的态度。"

半梦半醒的态度，就是禅的态度，道的态度。在老子那里，是指为人处世，当懂得何时有为，何处无为；在庄子那里，则是处于"用与无用之间"；在禅门，是时时处处修行，但又不刻意修行；对你我来说，则是指有些地方要知足，有些地方要知不足。把握好其中的尺度，掌握好之中的平衡，人就不会在需要奋进时却还流连于梦境、幻境，人就能够在需要时候坐看云起，悠然化蝶，用心灵的飘逸化解现实的无奈。

2. 做梦与做事

《五灯会元》是一本专门讲述中国禅宗发展传承历史的古籍，自古就有"禅宗语要、尽在五灯"之说。书中记载有这样一个公案：

唐代高僧、沩仰宗初祖沩山灵佑禅师晚年时，有一天中午，读着经，打起了瞌睡。刚睡着，弟子慧寂前来问安，脚步声惊醒了禅师。慧寂有点不安，觉得自己不该打扰老师的休息。禅师却说："不关你的事。我刚才做了个梦，你试着为我圆梦。"谁知慧寂听了这话，却不再理睬老师，而是转身打来一盆清水，把毛巾沾湿，细心地给老师擦脸。灵佑禅师脸含微笑，不再追问圆梦的事。

不一会儿，禅师的另一个弟子香严也来问候。禅师看了看他，也说："我刚才做了个奇怪的梦，你师兄已经为我圆过了，你也替我解释一下吧。"香严笑着说："我早就知道了。"禅师说："那你说给我听听。"香严却不说梦，而是转身泡了一碗热茶，递到师父手上。

禅师接过热茶，满意地说："你俩真不愧是我的弟子！"

灵佑禅师做了个怪梦，让两个弟子给自己圆梦，两个弟子谁也没说梦，禅师反倒很高兴，这是怎么回事？这就需要一点顿悟精神了。普遍的解读是，灵佑禅师是在借梦出题，考察两个弟子的修为。他口中的梦，可以理解为世人经常说的"我有一个梦"，对禅门子弟来说，则是悟道、成佛。但俗世的成功也好，出家人的悟道也好，绝不是有梦就会成真的。梦，需要一五一十地去落实，否则就是痴人说梦。而两个弟子则用实际行动告诉老师：即使您真的做了个奇梦，我们也不会浪费时间，痴人说梦，赶紧洗把脸，喝杯茶，我们师徒一起探讨佛法吧！

古语有云："至人无梦。"历来的解读是，像故事中的灵佑禅师等高僧大德，是不会做梦的。时至今日，古语也应该与时俱进，即至人也会做梦。至人，泛指那些拥有清醒头脑、不做白日梦的人。或者可以理解为，至人不是无梦，只是至人不信梦，明白一切梦境皆虚幻，一切梦想，都应建立在务实的基础上。

梦想是用来实现的。如果你有梦想，一定要用实际行动去捍卫它，而不是生活在梦中。"梦想很丰满，现实很骨感"的生活，是最痛苦的。那样的梦，骗不了自己，不做也罢。

梦想之所以称为梦想，就在于它往往离现实太遥远。梦想是用来实现的不假，但太容易实现的梦想，便称不上梦想。很多人之所以放弃梦想，让那颗曾经不甘的心死在平淡中，也不外乎因为实现梦想太难。有人说，只要肯行动，肯付出，总有美梦成真的那天。这话虽然动机不错，但说得不负责任。肯行动，肯付出，未必就能美梦成真。这就是生活的真实，有生活经验的人都知道。

不过话说回来，你若不肯行动，不肯付出，你便必然得不到。而且有时候，很多事情并不像我们想象的那么难，我们不能因为可能的困难停下还没迈出的脚。我们上学时都学过那篇穷富和尚游南海的故事：富和尚有钱，多年来一直想游历南海，却从未成行；而穷和尚却做到了，可他全部的行李不过一瓶一钵。所以哲人说：很多事情就像旅行，当你踏出出发的第一步时，最困难的那部分便已经完成了。

当然，这只是一些理论上的说教。实现梦想固然好，但也不能太一门心思地直奔梦想而去，否则一旦梦想与现实脱节，人就会身心俱疲，万念俱灰，即使美梦下一秒就会成真，却再也无法坚持下去，又硬要逼迫自己坚持下去，结果把自己逼疯，逼入了死角。

诚然，做梦有做梦的好处。在美梦成真之前，在骨感的现实之中，人在务实的同时，有点做梦的心态，非常有意思。

有个老生常谈的故事：

某人经过一个建筑工地，看到三个建筑工人正在砌墙，便问他们在干什么。第一个工人不耐烦地说："你没见过砌墙的吗？这鬼差事，又累又脏！"第二个工作比较乐观，说："我正在盖一座大楼。"第三个工人则用憧憬的眼光打量着远方，说："我正在建造一座城市。"结果十年后，那人得知，当年回答自己在砌墙的人还在砌墙，回答自己正在盖楼的人则成了建筑公司的经理，剩下那一个则成了附近一座城市的领导人。

这个故事给我们的启示，在于它让我们懂得，在梦想没实现之前，人既不能光做梦，也不能不做梦。光做梦，天上不会掉馅饼；不做梦，很容易被现实击倒。这时候，向第三位工人学习，忽视一下现实，憧憬一下未来，说说梦话，不失为一种自我理疗，也是一种能量补充方式。

最后聊聊货真价实的做梦，即我们的睡眠。当今社会，爱做梦，梦想一夜成名的人比比皆是，因为梦想实现不了睡不着觉，辗转反侧的人也不少。另一方面，也有一些人，为了梦想早日实现，恨不得一天能有 25 个小时用来工作，做梦都在操心工作与前途，长此以往，工作虽有所成就，但却毁了身体，实在划不来。健康是幸福的前提，身体是革命的本钱，这是不需要顿悟大家也都懂的常识，但很多人偏偏为了一些预期的利息，把本钱一并押上，最后悔之晚矣。案例太多，毋须列举。着重要说的是，拼命，未必有用。佛经上就有类似的例子：一个叫四十亿耳的人，拜佛祖为师，用功到了残酷的程度，却没有进展，因此萌生退意，佛祖开导他说，你会不会弹琴？如果会，你一定知道，琴弦太松，弹不出声音，或者全是破音，琴弦太紧，琴弦又会绷断，还怎么弹？四十亿耳顿时开悟，此后，他把握“不松不紧”的修行原则精进用功，很快便走上正道了。人生的状态，贵在松紧适度，那样才能奏出美妙的协奏曲。该工作时就好好工作，该娱乐时就尽情欢乐，该美美睡上一觉就睡上一觉。

第6章　心诚则灵

1. 虔诚决定前程

北宋时期，中国禅宗思想开始传播至东瀛日本，在日本禅宗创始人荣西禅师及其弟子的不断努力下，日本逐渐形成了临济宗与曹洞宗两大宗派，其中曹洞宗以永平寺、总持寺为两大本山，时至今日，据称有1000万名信徒。我们下面要说的这个故事，就是曹洞宗与一位著名禅师小时候的故事。

话说有一天早晨，时任永平寺住持奕尚禅师觉得寺里的钟声与以往不一样，就问弟子："是谁在敲钟?"弟子说："是一个新来的小沙弥，刚从别的寺转来，要不要把他叫来?"奕尚点点头。不一会儿，小沙弥来了。奕尚问他："你刚才是怀着什么心情敲钟的?"小沙弥老实回答道："也没什么特别心情，只是敲钟而已。"奕尚又问："这不是你的心里话吧？我想你在敲钟时，心里一定念着些什么。因为我刚才听到的钟声，悠扬悦耳，非常高贵，只有心怀虔诚的人，才能敲出这种声音。”小沙弥说：“您说的我不太懂，不过我以前的师父告诉我，敲钟的时候要想到钟就是佛，佛就是钟，要敬钟如佛，心怀虔敬。”奕尚听了很高兴，进一步鼓励小沙弥说：“你以后不管做什么，都要保持这种虔敬之心，将来成就不可限量。”后来，这个小沙弥果然成就非凡，他就是继承了奕尚禅师的衣钵的森田悟由禅师。后世把他的这段故事归纳为四个字——敬钟如佛，藉以警醒那些浑浑噩噩者。

俗话说得好，“做一天和尚撞一天钟。”其实，做和尚远不止敲钟那么简单。我本人就有一个朋友，他少年时曾经出家过一段时间，后来又还俗了，为什么？用他的话说，太苦了，比在工厂上班还辛苦，除了开荒、种地、劈柴、烧水等，还要念经，念完经，还要学习怎么演奏佛教乐器。事就出在了这个佛教乐器上面，我的朋友说，管事的僧人让他学一种叫小鼓的乐器，但朋友学了很久，还是乱敲一通。结果气得“领导”直接说道：“这玩意儿，就是拉一条狗来敲，也不会敲成这样！”这样一说，我的朋友生气了，当天就脱了僧袍，下山还俗了。

初次听他谈起这件事，我以为他，没有音乐细胞。事实上并非如此。我已学了五年吉他，自认为弹得还行，没想到听他弹完一曲，才知道我差得太远。可见，他不是没有音乐细胞，只是不凑巧碰上了一个缺乏耐心的“领导”。当然，正如他自己所说，他当时也不对，因为他最初出家，是以为寺院生活轻轻松松，不用干这干那，没想到出了家反倒更麻烦，不仅要干这干那，还这也不能干，那也不能干，自然干什么都气不打一处来，更谈不上“敬钟如佛”了。前年，这位朋友又跑去杭州附近一座道观中修道，还时不时地向我发出邀请。我是没那追求，不过预祝他早日得道。

再来看一个很有启发意义的真实故事：

上世纪初，山东平原县的一个小村子里，住着爷孙二人。每天早上，爷爷都带着小孙子，摇头晃脑地读《诗经》、《春秋》、《三国志》等古籍。一天，小孙子问："爷爷，你让我读的这些书，我都不明白里面的意思。有时，似乎明白一丁点，可一合上书，又忘了。这样读书，有什么用呢？"

爷爷没有直接回答，而是顺手拿过一只装煤的篮子，吩咐小孙子："去河里打一篮子水回来。"

用篮子当然不可能打回水来。小孙子提着滴水的篮子回到爷爷面前，一脸不解。爷爷看看空篮子，微笑着说："你跑快点儿就行了。"小孙子又试了一次，但他加快了速度，水依然漏完了。他对爷爷说："篮子打不了水。"说完跑到屋外，提来一个水桶。爷爷却说："我不要一桶水，我要一篮子水。你再去试试看。"小孙子只好又试了一次。当然，还是白费力气。他喘着粗气对爷爷说："可别让我再试了，这根本没用。"

"你真的认为一点儿用也没有吗？"爷爷微笑着说，"你看看这篮子。"小孙子仔细地看了看篮子，发现它与先前相比已经有了变化：早先黑乎乎的篮子已经变得非常干净，连提手也变得更亮了。"孩子，这和你读那些书一样，你可能只记住了其中的只言片语，意思或许理解不了，但是，在你读书的过程中，那些文字，以及你读书时的气氛，会影响你，会净化你的心灵。"

小孙子记住了这句话。后来，他一直本着这样的信念，终身与书为伴，不断进取，终于成为大学问家。他就是几年前刚刚仙逝的任继愈先生。

在这里讲述这个故事，无非是为了说明一个道理：很多事情看似神奇，很多人能成为传奇人物，都是因为他们能够在一件事上潜下心来，用最虔诚的心去做最简单的事，甚至看似不可能的事，直到把简单的事做得不简单，把平凡的事业做成不平凡，把不可能变成可能。敬钟如佛，这是非常可贵的禅心，也是非常难得的事业心。我们大多数人，都出身平凡，天资一般，大多都得从小事、杂事做起，做最低处往上爬，工作辛苦不说，还往往枯燥乏味，对此切不可牢骚满腹，敷衍了事，要相信努力总会带来改观，量变才能带来质变，要懂得“不扫一室，难扫天下”，要反思、自问：一个连小事都干不好的人，能干好大事吗？

2. 所谓“功夫”

接着聊乐器：

前面聊过的“救鹅”、“斩猫”的南泉禅师，有个徒弟叫神山僧密，后来也是禅宗史上了不起的人物。最初，南泉禅师让他负责打锣，他刚刚打完，南泉禅师就问：“你刚才是用手打锣呢，还是用脚打锣？”

神山僧密愣在那里，不知如何回答，于是诚恳地说：“我不明白，请您指导。”

南泉禅师笑笑说：“那你好好记住这件事，今后遇到高僧大德，你就把这件事告诉他，请他解答。”

后来，神山僧密遇到了云岩昙晟禅师，就向他请教，云岩禅师听罢一笑，说：“这还不简单吗？没有手脚的人才能打好锣。”

神山僧密摸摸脑袋，如坠五里雾中。

这个故事载于《景德传灯录》，所谓“灯录”，大致相当于现在人们常说的“语录”，因此，关于灯录中并没有就神山僧密的问题给出一个现代人能理解的答案。那么，云岩昙晟的回答到底是什么意思呢？

其实是提醒神山僧密做事、修行都要全身心投入的意思。所谓没有手脚的人才能打好锣，不是说打锣的人天生残疾，没有手脚，而是说他的手脚完完全全融入了打锣的动作之中。喜欢音乐，尤其是喜欢摇滚乐的朋友，经常会看到一些音乐人彻底沉浸在音乐当中的神情，有些乐手会闭上眼睛弹奏乐器，摇头晃脑，有些歌手则歇斯底里地狂吼乱跳，挥舞手上的话筒架子，全然不顾，只是畅快淋漓的唱、跳、弹。前面讲过，我自己也是个音乐爱好者，我的体验就是，若是让我一个人在屋子里弹琴唱歌，我能全然放开，能发挥到最好，可一旦旁边有人，我便有些不好意思，至少在唱的方面会有意的收着点，怕一旦唱错了，或唱出破音，遭人耻笑。但凡喜欢唱歌的朋友可能都有过类似的感觉，包括在 KTV 唱歌，有些人甚至会紧张得发抖。这可能就是我们都没成为音乐人的原因吧。

“没有手脚的人才能打好锣”，有点类似于武侠小说中所说的“人剑合一”境界，即忘掉哪儿是手，哪儿是剑，融身心剑于一体，你就是剑，剑就是你，全身心地投入一挥一刺中。这是一种高度的专心，这种专心当中又包含有很大的平常心，不带一丝功利之心。

宫本武藏和柳生又寿郎的故事很能说明问题。二人都是日本近代著名剑客，宫本武藏是柳生又寿郎的师父。最初，柳生又寿郎刚刚拜师，就问：“师傅，依你看，以我的资质要练多久才能成为一流的剑客？”“最少也要十年吧！”“十年！太久了。假如我加倍苦练，多久可以成为一流的剑客呢？”“那就要二十年了。”“假如我晚上不睡觉，日以继夜地苦练呢？”“那你会累死，九流剑客也做不成了。”柳生又寿郎很奇怪，又问："为什么我越努力效果越差呢?"宫本武藏说："我的意思不是说努力没用，而是说做一流剑客的首要条件，是必须永远保留一只眼睛注视自己，不断反省自己。现在，你两只眼睛都盯着剑客的招牌，哪里还有眼睛注视自己呢?"柳生又寿朗听了，当下醒悟，后来终成剑术名家。

说来惭愧，笔者早年也曾与一位有缘的民间武术家学过一段时间武术。尽管我的武学修为根本谈不上，不过我也不是一点儿收获没有。比如有一次，我问师父："外国人称我们的武术为'功夫'，什么意思?"师父说："'功夫'，就是工夫，是'时间'的意思，北方人常说'工夫大点儿'，意思就是'时间久点儿'。说白了，'功夫'就是时间的积累，就是一招一式的不断练习。一夜之间就拥有深厚的内力，只能出现在武侠小说里。你不练武，练别的也一样，等再过十年，你就会明白我说的话了。"

如今，时间快满十年了，我对于"功夫"已有了切身的体会，那就是三百六十行，行行出状元，每个状元之所以能成为状元，就在于他们身怀绝技，有独到的"功夫"，或者把同样的"功夫"玩得最精最熟最有创意。但谁的"功夫"都不是白来的，都离不开长期不懈地努力。而长期不懈地努力，又势必以抛弃急功近利的思想为前提。

说起来，令我惭愧的事儿远不止一件。还说弹吉他吧。想当初，我非常崇拜那些吉他老师，手上一动，美妙的音乐就出来了，为了达到自己手上一动也能出音乐的效果，我曾经问我的吉他老师：我要练到您这程度，得交给您多少学费啊！谁知对方立即露出一副鄙夷的神情："你给我多少钱也达不到。这是手上的功夫，你得吃苦，得自己回家练去！我又不会传功大法，把我手上的功夫传到你手上！记住，小伙子，干什么都得勤学苦练。功夫到了，事情就成了。"

民间有句俗语："坐得冷板凳，吃得冷猪肉。"何意呢？这话还得从古时候说起。在古代，那些道德高深、精通学问又为民族做出了巨大贡献，去世后，其灵牌可以放在文庙中，享受特殊待遇——与孔圣人一起分享后人供奉的"冷猪肉"。但你若没有把冷板凳坐热的精神，年复一年、日复一日地刻苦钻研，是不可能出人头地、取得成功的，当然也就不可能享受祭拜的"冷猪肉"。

一句话，成功的前提是忘掉成功。把自己的心完全融入到自己的事业中，别老想成功，空想入迷。空想成功，只会让你浪费精力，分心、伤心，沽名钓誉，急功近利。我们看香港电影，经常看到可笑的一幕：强盗、杀人犯、贩毒分子等十恶难赦之徒，居然每天都要拜神拜佛，求其保佑。如果佛祖保佑歹徒，岂不成了瘟神？生活中，人们也往往拜这佛，拜那神，不是求其保佑自己升官，就是求其显灵让自己发财，有些地方甚至还有教师带队，组织学生去拜"文曲星"，祈愿"金榜题名"、"高中状元"。试想，带着各种要求去拜佛、拜神的，不是基于虔诚的信仰，那不是亵渎神灵，是给佛祖、神仙出难题吗？状元只有一个，让谁当不让谁当呢？

综上，我们要忘掉结果，享受过程，摒弃功利之心，全心全意地投入我们要做的事情当中，把它当孩子来养，它终有长大成人的那天。

第7章　一杯沧海

1．水深火热出好茶

先来看一个典故：

杨岐方会是北宋年间的高僧，也是禅宗“五叶七花”之一临济宗杨岐派的开山祖师。有一天，一个失意的年轻人来到方会住持的杨岐山普通寺，诉了半天苦，然后请方会禅师帮他剃度，收他为徒。方会却迟迟不答应。年轻人苦苦相求，方会索性闭上了眼睛。年轻人不禁问道：“大师为何不说话？”

方会睁开眼，吩咐身边的小沙弥：“速去烧一壶温水。”小沙弥答应一声，转身离去。

不一会儿温水送到，方会起身从几案上抓起茶盒，取了一撮茶叶放入杯中，注入温水，放到年轻人面前，微微一笑，道：“施主，远道而来，请用些茶。”

年轻人心想，温水怎么泡茶，这里面有什么深意吗？因此迟疑着不饮。方会见他迟疑，又说：“施主远道而来，必定饥渴，先请用些茶，我再为你解惑。”年轻人这才端起杯子，轻轻咂了两口。

“请问施主，这茶可香?”方会问道。

年轻人摇摇头：“这是什么茶？一点儿也不香。”

方会又一笑：“这是本地有名的云雾茶，施主不妨再饮。”

年轻人再次端起杯子，又喝了两口，再三品味，最后肯定地说：“茶或许真是好茶，但的确一点儿不香。”

方会回头再次吩咐小沙弥：“去烧一壶沸水送来。”小沙弥听命而去。不一会儿，一壶冒着热气的沸水送到。方会又取来一个杯子，先用热水冲了一遍，然后取出同样的茶叶，提壶注入少许沸水，杯中茶叶顿时上下翻滚，一丝茶香侵入年轻人鼻间。

方会略停了几秒，又注入一缕沸水。就这样，时停时注，最终，一杯香气扑鼻的碧水出现在年轻人面前。

方会示意年轻人再饮一次。年轻人端起杯子，边饮边赞：真是好茶！

“施主可明白，为何同是云雾茶，而味道迥异?”方会适时问道。

年轻人想了想，说：“大概是您起先用的温水，这次用的是沸水，是水温的问题吧!”

方会说：“不错。茶道首重茶质，次重用水。温水冲茶，茶叶浮在水上，不经沉浮，茶香就不会散逸。沸水冲茶，再掌握一定的技巧，茶叶上下浮沉，反复多次，自然就会释放出春雨之清幽、夏阳之炽烈、秋风之醇厚、冬霜之清冽。施主，人生亦如茶道，必经沉浮，方可成大器。施主有心向佛，无处不是三宝地。可您不过是受了些挫折而已，请回吧!”

我的朋友张绍民是一位现代茶道高手，每次去他那儿，不仅有好茶喝，还有好茶道，好学问。我自己也喝茶，但我的茶总泡不到那么香，一直以来我始终找不到原因。直到老张到我家做客，才一语道破真谛：你怎么用饮水机里的水泡茶，这饮水机的水根本烧不到一百度，再说，沏茶最好用煤气烧水，不要用电烧。我忙问为什么？老张张嘴吐出了我们这一小节的标题：水深火热出好茶！

后来，我在老张的《茶经的智慧》中找到了这句诗的发源地，他大概是从煎茶法中找到的灵感。所谓煎茶，简单来说就是煮茶。今天的人们，大多都是把水烧开，然后冲沏茶叶。但在古代，人们却是把茶叶直接放进水里煮。当然，煮茶是有技巧的，有着“茶圣”之称的陆羽在《茶经》中有详细记载，简单说来就是在水略微沸腾时放入一点食盐，以调和味道；同时舀出一瓢水备用，待水完全沸腾时，放入茶叶，适当搅拌，使其均匀；当茶汤煮到有“奔涛溅沫”之势时，将刚才舀出的那一瓢沸水倒入锅中，使其停止沸腾，即可饮用。

我们的重点不是介绍煎茶，而是说，一碗茶，不容易，想散出骨子里的香气，茶叶就要跳进“水深火热”的锅里，用开水洗脸，吻火，吃火焰。这么说来，每一枚茶叶都是大侠。同样，一个人也不容易，每个人，都难逃生活的水深火热，世态炎凉的煎熬蒸煮，那么，就要学习茶的精神，潇洒沉浮，在沸水般的生活中升华自己的灵魂。

人生如茶，茶如人生。每个生命都是一枚茶，每一枚茶都是一叶生命之舟，载着生活，浸在生活的沸水中，浮沉、翻滚，痛苦是必然的，但也正是这痛苦的洗礼，才能让蜷缩的身心舒展开去，唤起生命的芬芳。

做茶难，做人更难，想做个好人有时候难上加难。好人往往喝不上好茶，还时不时要面对坏人的排挤，连吃饭都成问题，一如市场上的各种假冒伪劣茶挤占好茶的生存空间。然而正如所有茶叶只有在热火沸汤中才会舒展开蜷曲的身骨一样，我们不仅要做好人，还要坚持做个好人。

人们常说，“人走茶凉”，其实，人不走，时间长了，茶也会凉，这是自然规律。茶凉不要紧，心凉才可怕。不是有一种茶叫凉茶吗?不管别人怎么样，不管现状怎么样，不管周围怎么样，朋友们，心要滚烫。

2. 水之“术”

谈完茶，不得不说说水。毕竟，人可以不喝茶，但不能不喝水。

老子在《道德经》中说：上善若水，给了水最高的评价，认为水滋养万物，却不与万物争高下，是最接近“道”的境界，是最高的美德，借此提醒世人，做人要向那些与世无争的圣人学习。对此，先哲们称之为水之“道”。中国传统文化向来有“道”“术”之辩，先人对水之“道”的讨论已太多，本文专就水之“术”试论一二。

有这样一个故事：

一个禅师外出云游时，在一条大河边遇见一个年轻人，见他神情有异，禅师便故意放慢脚步。果不其然，不一会儿，青年纵身一跃，意欲投江自尽。禅师立即下水，将他拉上岸。

寻死不成的年轻人非常气恼，大声质问禅师：“你把我拉上来干什么？你走了我还是要跳的！你又解决不了我的苦恼！”

“你怎么知道我解决不了？”禅师一边说，一边抖抖身上的水，然后取出一个钵盂，俯身舀起一钵水，问："这水是什么形状?"

"水哪有什么形状?"

正想着，禅师又变戏法儿似的取出一个杯子，把水倒入杯中。年轻人恍然大悟似的说："我知道了，水的形状像杯子。"

这时，禅师又"变"出了一个花瓶，杯中水被倒入花瓶中。年轻人又说："我知道了，水的形状像花瓶。"

禅师摇头，轻轻地把花瓶中的水倒水沙滩上，水渗入沙子，不见了。

年轻人更不明白了。

禅师抓起一把沙子，若有所指地说："看，水就这么没了，这也是一生!"

"这也是一生，这也是一生……"年轻人终于听出了点什么，他满脸的怒气消失了，露出一丝惊喜："我明白了，您是想告诉我，人要爱惜生命，不仅要爱惜生命，还要像水一样，学会适应，像水一样，放在什么容器里都能适应，而最高的境界就是化为无形，像您倒进沙子里的水一样。"

禅师点点头，又摇摇头："是这样，但不止这些。"说完，禅师走到附近一座桥下，年轻人赶紧跟了过去。禅师蹲下身，用手在桥下的一块青石上摸了一会儿，然后示意年轻人也摸摸看。年轻人把手指伸向禅师刚才触摸的地方，感到石上有一排不易察觉的小凹坑。他问："这有什么玄机吗?"

禅师说："没什么玄机，'水滴石穿'而已。下雨时，雨水会从桥面落下，天长日久，就会形成小坑，再过些年，就会变成小洞……"

"我明白了，您是说，人生就像水，往往不能决定自己的命运，就像水刚开始被您装进钵盂里、杯子里、花瓶里，甚至倒在沙子上，但是正像这小小的水滴能改变坚硬的青石一样，人也可以冲破那些先天的容器，走出自己的路。”

禅师还是点点头，又摇摇头，说：“是这样，但还不止这些。”说完，不再看年轻人一眼，扬长而去。

禅师故意不讲完的话，只能由我们来补充了。我们把这一节取名为水之“术”，其旨意为，人，光有纯粹的美德，还远远不够，社会极其复杂，人们美德就是善于向水学习怎么生存、怎么发展，姑且称之为“水之术”。

首先，人要学会低头。常言道，人往高处走，水往低处流，可是因为人类的需要，现实世界中，有不少水往高处流的现象，同样，当人受困于某种现实条件，往上走不了或者走得极为艰难时，就要学会低头，认清现实，顺应时势，不能硬顶。必要的时候，还要学会走下坡路，把姿态放得更低，先求自保。生活中，人们想让水往高处流时，通常的做法是拦坝，当水积蓄到一定的量时，水平面自然就提高了。同样，人在低头的同时，也要学会积蓄力量，提高自己的“水平”。

其次，要学会绕道而行。自然界的大江大河，力量不可谓不大，但水很少像人们说的那样，“逢山开路”，而是能绕道时就绕道，像中国的长江、黄河，外国的尼罗河、刚果河等大河，都是弯弯曲曲，迤逦而行。如果把它们拟人化的话，那就是一种智水，估计“智者乐水”的古语就与这有关系。同样，做人，也要做个水一样的智者，遇到阻力时，没必要硬拼，要学会开动脑筋。人们常说，世上没有过不去的坎，水也没有过不去的坎。有些地方表面上看起来水过不去，也绕不过去，但水会悄悄渗透过去。

最后，要学习水的兼容性。水与茶在一起，就是茶水；与咖啡在一起，就是咖啡……佛祖说过：一滴水若想不干涸，唯一的办法就是融入大海。做人，都想做大，做大海一样的人。而做大海，首先要不择细流，甚至不择“毒流”。大海最壮美，其实大海也最脏。因为水流千遭归大海，大海是一切脏水的最终归宿。大海之所以博大，是因为它从不拒绝四面八方奔流而来的各种水流，清澈的、浑浊的、肮脏的、臭不可闻的、剧毒的，这对大海来说，都不要紧，只要水肯去，它都能兼容、包容。人们说，要拥有大海一样的胸怀，言下之意也就是人说要像大海一样，善于包容人的种种。当一个人明白了我们交朋友交的是朋友的优点，明白了“沧浪之水清兮，可以濯我缨；沧浪之水浊兮，可以濯我足”的时候，那么一个人走到哪里，都不愁交不到朋友，都不会孤家寡人。只不过他时刻都明白，那些人只是过客，那些人却是知己。

第 8 章　苦乐年华

1. 小烦恼与大痛苦

曹山本寂禅师是禅宗曹洞宗的创立人之一，他的师父就是以“一指禅”闻名的俱胝和尚。前面介绍过，俱胝和尚开悟前很长一段时期都不得要领，在这方面，曹山本寂跟老师当年没什么两样。直到他遇到一位在历史上没有留下姓名的游方僧，才豁然开悟。

当时是个大热天，曹山问那位游方僧：“天气好热啊，咱们到哪儿去避避暑气呢？”

游方僧说：“到热汤炉火里避避吧！”所谓热汤炉火，就是到热锅和炉子。小孩子也知道，那是危险所在，不仅避不了暑气，还会烫伤，因此曹山很奇怪：“热汤炉火里怎么能避得了热呢？”

游方僧说：“至少到了那里，你就什么烦恼也没有了！”

这个典故形象地告诉人们，什么是烦恼，什么是痛苦。简单来说，“烦恼”泛指那些不如意的小事，比如天气热、待遇低、情侣吵嘴、孩子贪玩，等等，虽然切切实实地影响着人们的心情和生活。但从本质上看是无关紧要的。而“痛苦”，则泛指那些身体及心理上的大苦楚，比如罹患一些重病、大病，或者亲人去世，遭受其他巨大打击或失败，等等。

正所谓世事难料，人生无常，这个世界上，到处都是痛苦的人。这个世界上，也没有人能逃得过痛苦，即使他能看轻痛苦，但痛苦的事情还是摆在那里，理论上是无法完全淡化的。不过，这不是说，所有的人无时无刻都处在痛苦中。人生有痛苦、有烦恼，也有欢乐与甘甜，即使是活在巨大悲怆中的人，只要他愿意承认，他的生活中其实也还是有着好的一面的。只不过很多人往往被悲伤淹没，跳不出苦海而已。

跳不出苦海，便只能痛苦其中，但这不是人生最大的悲哀，人生最大的悲哀在于，很多人明明只是被蚊子咬了一口，也要死要活、撕心裂肺地效仿那些真正遭受了巨大创伤的人，一头扎进苦海里，说什么也不肯上来。事实上，他们忽略了这样一个事实，苦海正是蚊虫的滋生地，不出来，他们只会被咬得更厉害。

现实生活中，这样的人并不在少数，主要由年轻人构成，尤其是那些有点文学气质、文艺细胞的年轻人。有一句非常著名的话，叫“国家不幸诗家幸，话到沧桑句始工”，是描写南唐后主李煜的人生遭际的；还会听到类似的歌词：“刹那间我泪如雨下、不由得我已泪流满面”，等等。这些，本身都没有什么问题，问题在于，有些人往往分不清什么是艺术、什么是生活，为了艺术，还会时不时搞些多愁善感、茶饭不思之类的的小情节、小场面。时间长了，没什么事儿，也像受了刺激似的，遇点儿小事儿，那更是了不得、不得了，真正摊上大事儿，似乎只有“杀身成仁”一条路可走。

林清玄说得好，历尽沧海，你才会发现，当年觉得过不去的大河也就是一条小溪而已。大河真的难过吗？日子真的难过吗？也许，只是心坎难过。

当代著名哲学家周国平先生也曾以宋代著名词人、政治家辛弃疾的一首小词为切入点谈到这个问题，他说：“年少之时，我们往往无病呻吟，夸大自己的痛苦，甚至夸耀自己的痛苦。究其原因，其一，是对人生的无知，没有经历过大痛苦，就把一点儿小烦恼当成了大痛苦。其二，是虚荣心，在青年身上尤其突出，把痛苦当作装饰和品位，显示自己与众不同。只是到了真正饱经沧桑之后，我们才明白，人生的小烦恼是不值得说的，大痛苦又是不可说的。我们把痛苦当作人生本质的一个组成部分接受下来，带着它继续生活。如果一定要说，我们就说点别的，比如天气。辛弃疾词云：却道天凉好个秋——这个结尾意味深长，是不可说之说，是辛酸的幽默。”

即使是被人们称之为“悲观主义哲学家”的叔本华，也曾经说过：“要判断一个人是否幸福，不必问他怎么才能愉快，而应问他为何烦恼。如果让他烦恼的事情都是平凡细微的小事，那么表示他其实很幸福。因为一个真正的不幸者，是根本没有心情去觉察到那些琐碎小事的。”

我们再来看一个不无悲剧色彩的西方寓言：

有一个失意的青年，接连好几天去一家酒吧喝闷酒。酒吧老板是个善良的中年人，他找了个机会，走上前去小心问道：“小伙子，你遇到什么烦心事了吗？说说看，或许我能帮你。”

年轻人淡淡地扫了他一眼：“我的问题太多了，没有人能帮我解决。”

老板并没有退却，进一步解释说：“我十几岁就出门打天下，年轻时也有过你这种感觉，后来一位高人指点过我。明天，如果可以的话，我带你去一个地方，那位高人带我去过那儿，到那里能解决你所有的烦恼……”

年轻人终于点了点头。第二天，他们如约出发。年轻人做梦也没想到，店老板竟把他带进了一座墓地。老板指着一座还摆着花圈的新坟，感慨地说：“躺在这里面是没有任何问题的。不管你的问题有多少，也不管你有多么不幸，只要能活下去，你就是幸运的。”

年轻人豁然超脱。

人生大事，莫过于生死。死，不由我们做主，我们唯一能有所作为的，就是尽量活下去。什么叫做生活？有人曾这样解释，生活就是无论遭到多大的痛苦，都要硬生生地活下去。我相信，那些还有能力去酒吧买醉的人，其中99%都没遭到真正意义上的痛苦。相反，在一些从来都没去过酒吧的人看来，他们还是被羡慕的对象。

南怀瑾先生说过，世上所有的宗教都不如我们的道教，因为我们的道教可以直接让人修成神仙，长生不老，其他宗教则至多能让你在死后去到一个比较享福的地方，比如天堂，比如极乐世界。然而这只是就理论而言的，所谓神仙，所谓长生，我们都知道，纯属子虚乌有、无稽之谈。谈这些，还不如鼓起勇气，谈一谈生死，而不是买个手机号码都尽量躲着“4”走。生死是人类的终极问题，想通了它，人间其余的问题，都算不上问题。

2. 吃苦头与尝甜头

人生究竟是苦还是甜呢？如果仅仅站在佛家的立场上，那么人生毫无疑问是苦的。说到苦，佛家有很多相关说法。

首先，佛家认为，我们所在的大千世界叫做“婆娑世界”，“娑婆”是梵文音译，翻译成中文是“堪忍”的意思。“堪忍世界”，顾名思义就是说这个世界充满烦恼痛苦，但这些烦恼痛苦又都是我们可以忍受的，因此叫“堪忍”。而佛祖之所以伟大，就在于即使人们一直都是这么堪忍的，他也不忍心让人们继续忍受下去，所以才降生人世，救度众生。

那么，我们这个世界又有多少苦呢？佛说，人生有八苦，生苦、老苦、病苦、死苦、怨憎会苦、爱离别苦、求不得苦、五阴炽盛苦。关于生老病死，无须解释；求不得，也很简单，想得而得不到；怨憎会，说简单点，就是你特别不喜欢某人，甚至相当讨厌他，但偏偏你又躲不开他，每天看到他就生气，这人生能不苦吗？而爱别离，恰恰与怨憎会相反。你喜欢一个人，特别想和他在一起，三生三世都不腻，可命运偏偏要让你们分离，天各一边，甚至生离死别，想想都痛苦。至于五阴炽盛苦，则是对前述七苦的总结，大意是说，前述“七苦”，都是由于“五阴”即目、耳、舌、鼻、身五种感觉器官滋生的五种欲望所致，具体说来是目好美色、耳好美音、舌好美食、鼻好美味、身好美物，由于这五种欲望永远不可能从根本上得到满足，因此要想摆脱这些苦，唯一的办法就是消灭欲望。而消灭欲望，就意味着吃苦，佛家常说的“吃苦就是了苦”，就是这么来的。

关于这些教义性的东西，我们大可不必完全认同，不过，我们都知道一点，那就是，不管吃苦能不能了苦，人生都免不了吃苦。

然而众所周知，人类以及所有生物的本性就是趋利避害，避苦就甜。都说人生有五味，酸甜苦辣咸，可“南甜北咸、东辣西酸”，就是没有听说过哪里喜欢吃苦。非但不喜欢，人们还对吃苦特别反感。为这，还有人专门编了个脑筋急转弯——人们最不喜欢吃的东西是什么？——苦。

我们不是佛教徒，不承认人生只有苦、没有甜，可还是那句话，但凡清醒的人都得承认，苦这玩意，就如同人生的伴娘，与生俱来。但由于人类不喜欢它，就算再少、再小，也总是嫌多，显得“苦大仇深”。

不喜欢苦，却逃不开苦，这本身就是人生的苦之一。人类不是没有努力过，很多苦味浓烈的药物，外面都被包上了一层糖衣，然而，糖衣之中不还是苦吗？舌头或许不苦了，但心里不更苦吗？舌头逃避的苦，必然要由它的兄弟器官来承担。同理，世间那些怕吃苦的人，若许也能逃避一些苦，但却往往因此吃更多的苦，吃一辈子苦。

所以，逃避苦是很划不来的一件事情。而佛家则认为，“吃苦就是吃补”，所以，世上总有些明智之人，能勇敢地面对苦，甚至敢于自己找苦吃。

春秋战国时期的越王勾践，无疑是中国历史上最会找苦吃的大明星。想当年，为雪洗战败之辱，他放着锦榻不睡睡柴禾堆，放着美味不吃吃糙米饭，还专门命人找了个猪苦胆，挂在居室中，每次吃饭、睡觉前都要舔上一舔，舔完后还大声问自己：“勾践，你忘记了战败的耻辱了吗?”然后又像模像样地回答:“没有,我没有忘记!”就这样,经过长期的发愤图强,吃苦受罪,他终于打败了吴国,但是之后,他就再也不睡柴草、吃糙米、尝苦胆了。因为在他看来,吃苦是为了享乐,如果吃苦换不回享乐,那还吃苦干什么?

这种理念一点儿也不高明,不过在群众中却很有市场。古语有云:吃得苦中苦,方为人上人。所谓人上人,简单来说就是出人头地的成功人士,这类人士自然是不必再吃苦的。如果有人成功了还在受苦,那绝不是作贱自己,而是为了更大的成功。

那么,什么理念才称得上高明呢?

很简单,以苦为乐。能够从一般人认为的苦中品出甜来,那不仅需要努力,还需要境界。可以说,如果你能从苦中品出甜来,你便懂得了生活。

但这就是人生的最高境界了吗?还不是。我们在前面的章节中提及过,佛家不等于禅,两者最明显的差别之一就在于,前者往往只强调吃苦,甚至到了自我折磨、为吃苦而吃苦的程度。而后者虽然也强调吃苦,强调“吃苦就是吃补”,可同时也指出,补得太厉害了也不行。

说简单点,那就是说人既要学会吃苦头,也要学会尝甜头。有这样一个禅宗小故事:

有个青年总觉得自己不幸福,他辗转找到一位禅师,请禅师指点迷津。

禅师想了想,让身旁的小和尚端来一盘葡萄,故意用手掌压碎了一些,然后问他:“这盘葡萄有的好,有的不好,如果让你吃的话,你是先挑好的吃,还是先挑坏的吃?”

“当然先挑坏的吃。”那人毫不犹豫地回答。

“为什么？”

那人回答：“‘苦尽甘来’嘛！把最好的留到最后吃，会让人觉得更满足。而且每次都吃最坏的葡萄，剩下的葡萄只会越来越好。不是吗？”

禅师微微一笑，说道：“问题的关键恰恰在这里——就人生来说，‘先苦后甜’本没有错。但是对这句话的理解不能太机械。就拿吃葡萄来说，如果先从坏的开始吃，那么你下次吃到的都比现在吃到的要好。反过来说，你每次吃到的葡萄却都是最坏的一个。也就是说，如果从最好的葡萄开始吃，你每次就能吃到最好的一个。人生也是如此，必须吃苦的时候，我们应该提倡吃苦。但当苦与乐都存在，可以供你选择的时候，你又何必舍乐而求苦，一味地规避甘甜呢？”

事实上，佛祖在顿悟前，也曾效仿苦行僧，为吃苦而吃苦，希望通过使自己的肉体受苦，找到人生的真谛，结果有一次，把自己给饿昏了，被救醒之后，他二话没说，就大吃大喝起来，让一些追随者非常失望。但我们知道，最终，不再坚持禁食苦修的佛祖在菩提树下坐了七天，领悟到了佛法。

受勤俭节约的传统美德以及过去很长一段时间不得不吃苦的历史影响，在中国，人们尤其是一些上了年纪的人普遍认为，吃苦乃正常现象，是美德，是补药；否则就是享乐主义，就会堕落，就是放纵，就不好，等等。其实，人生的价值并不在于吃苦，那种并非因为生活所迫却一味吃苦的生活，既没意思，也没意义。人生是苦乐交织的年华，既然有苦亦有甘，那我们就应该做一个既吃得了苦头、也尝得了甜头的人，千万不要偏执一端。

第9章　生活禅

1. 禅即生活

什么是禅？具体到我们本节来说，禅就是一种生活方式。生活，不必解释，否则越解释越乱。简言之，生活禅无非是一种生活方式，远没有人们想象的那么玄。凡是觉得它玄的，要么是未悟道，要么是正在被骗中。

来看一个典故：

峨山慈棹是日本临济宗白隐派开山祖师白隐慧鹤禅师的徒弟，他30岁便已开悟，参禅论道、教导徒众时，善于随机应变。转眼，几十年过去了，峨山禅师已经很老了，但他坚持每天做自己力所能及的事情，谁劝也不行。这天，一个信徒看到他在寺院里一个人整理自己的被子，累得气喘吁吁，就上前帮忙，并问："您不是这里的住持峨山禅师吗？您这么德高望重，岁数又这么大了，又有那么多弟子，这些杂事还用得着您亲自动手？"

峨山禅师谢过他的帮忙，微笑着反问："我岁数是大了，但岁数大的人正适合做这些小事、杂事。不做这些，我还能做什么呢？"

信徒说："您可以修行、打坐、念经、参禅，总之，你不应该做这些杂事……"

"你以为只有念经、打坐才是修行，才是参禅？那佛祖当年为弟子穿针、为弟子煎药又算什么呢？做杂事也是修行啊！"他还没说完，峨山禅师就不失时机地开导他道。

那位信徒的话，可说是很多人的共同误区。大家总是想当然的认为，禅是禅，生活是生活，总是以为修行是生活以外的事，尤其是那些杂事，不仅算不上修行，还会影响修行。其实，人世间的任何事情都是要落实在生活中的，不然，它就会成为清谈、空谈，既误人，又误己，甚至误国。早在唐朝时，禅宗高僧百丈怀海禅师就开创了"农禅"，即倡导寺僧像农民一样，春种秋收，自给自足，而不是再像以前一样，全凭化缘、布施和供养过活。作为"农禅"的创始人，百丈禅师直到九十高龄，还坚持下田劳作，徒弟们为他的身体着想，把他的工具藏起来，他就不吃饭，没办法，徒弟们只能由他去。此外，黄粟禅师开田、种菜，沩山禅师合酱、采茶，石霜禅师磨麦、筛米，临济禅师栽松、锄地，雪峰禅师砍柴、担水，仰山禅师牧牛、洞山禅师种植果园等等，也都是禅宗史上的美谈。

佛经中有一个佛祖化缘的故事，它可以从侧面告诉我们，不把佛法、修行落实在具体生活中的严重性。

有一天中午，佛祖途经一座村庄时，远远看见田边有一个地主，他正在给雇工们分发午饭，恰好肚子也饿了，佛祖便想就近化顿斋饭，便托着钵走过去。谁知这个地主不仅不乐善好施，还故意刁难佛祖说："你看我们这些人，今天努力耕田，明天才能得到食物，你又没耕田，有什么资格得到食物啊?”

佛祖当然不会生气，他说:“谁说我不耕田？我也是靠努力耕田来获取食物的。”

地主问:“你也耕田？怎么我们从未见过？再说，你若耕田的话，你的牛在哪里？你的犁在哪里？你的牛鞭又在哪里？你甚至连田都没有，怎么耕呢?”

佛祖耐心地听他问完，平静地回答道:“我确实是耕田的，只不过我耕的是心田，是福田。至于我的牛、我的犁，且听我的诗偈——”

说完，佛祖就为大家说了一首诗偈，大意是说:

“信心是我的种子，苦修是灌溉它的雨水；

智慧是我耕田的犁，感恩心是我的肥料。

我以戒律心守护自身，如同驾御我的耕牛；

我摒除心中的贪嗔痴，就像你们在田里除草。

我用真诚心前进，精进耕作永不懈怠；

我一直前进不退转，并且乐在其中。

这才是真正的耕田，能收获正果与甘露；

这才是真正的耕田，让信徒不再受轮回之苦。”

这个地主也是有些慧根之人，听完之后，大受触动，禁不住赞叹说:“您是世上最会耕田的人呀!”然后盛满了丰盛的食物布施给佛祖。

我们要说点实话：这个故事中的佛祖，其实是打了个马虎眼。田，他终究是没耕。不过这个故事的立意是不错的，即便是佛祖，光修行，不劳作，也难免类似的尴尬。

其实，前辈们早有训诫:“要吃英雄饭，自己动手盛。”人们最看不起的人，就是社会上的寄生虫。人活着，要消费，也要创造，不然就是浪费资源，用老百姓的话说是浪费粮食。在旧社会，只有一些高官子弟、地主阶级的子嗣有条件做寄生虫。可现在，随着整体经济能力的提升，社会上一些普通家庭也开始出现啃老族，表面上看是高不成低不就，实际上就一个字“懒”。对他们来说，无所事事、吃饱混天黑就是幸福，为了这幸福，即使受些责骂、受些鄙视也无所谓。其实，幸福的真正意义在于创造和给予。能工作是一种幸福，很少有人理解那些没有工作能力的人心里多么痛苦。所以，有类似想法的人，都应该尽早重耕一下自己的心田，为自己播种一个积极的人生。

此外，生活的禅的意义还在于更广泛的传播禅学。有些人认为，参禅那至少要到寺庙里去参，甚至必须出家，才能修成正果。其实不然，出了家未必就能领悟禅的真谛，历史上的白居易、王维、苏东坡，他们都没出家，甚至连居士都不是，但他们都禅法了得。参禅也未必需要到庙里去，更不要迷信什么“正果”、“歪果”，我们普通人参禅，为的就是让生活更好，更有情趣。再说简单点，禅是为生活服务的，而不是生活为禅服务。如果有人因为学禅活得反倒更累，那一定是他还没顿悟。

2. 超圣入凡

流传至今的禅宗典籍中，记载有不少高僧的灵异事件，极具神话色彩。唐代禅僧、禅宗牛头宗开山祖师牛头法融禅师，就是这么一位。

据说，他在牛头山中的石洞中修行时，经常有群鹿伏在石室门口听他讲经，每天还有许多鸟衔花来供养他，有时多达数百只，遮天蔽日。当地本来常有老虎出没，自禅师来后，老虎也没有了。还有一次，禅师正在打坐，突然来了一条大蟒，头如巴斗，目如星火，盘坐在石室门口，为禅师护法一日一夜才离去。更为奇特的是，当四祖道信徒经不远处时，也遥遥出现牛头山中紫气缭绕，料定必有奇异之士在那儿修行，于是亲往寻访。一见面，牛头法融也像见到其他一些僧人一样，不以为然，但仅仅简单交谈了几句，就对四祖大大折服。当得知眼前的人就是自己仰慕已久的四祖僧璨后，当下拜倒在地，做了四祖的弟子。四祖将禅宗的顿悟法门传授于他之后，随即返回黄梅，再也没有下过山。此后，牛头法融禅师的名气日盛，身边学者云集，被尊为牛头宗初祖。然而奇怪的是，自从学过禅宗的顿悟法门后，以往的灵异事件都没有了。

按照常理，未见四祖前就有那么多灵异事件（姑且不去论它的真实性）的牛头法融禅师，见到四祖这个“真佛”后应该有更多灵异事件才是，可为什么，结果却恰恰相反呢？关于这个问题，后世的初入门者往往想不通，从而引发了不少提问和讨论。而禅师们的回答也往往令人如坠云雾，所以我们不妨略过那些讨论和回答，直接给出答案，那就是牛头禅师见四祖之前，修为固然高到了感天动地、感化鸟兽的程度，但这充其量只能算“超凡入圣”，见四祖后，由于修为更上一层楼，达到了“超圣入凡”的最高境界，连鬼神都不能测知，鸟兽自然也就不能感知了。

简言之，这就是禅宗所说的“超凡入圣易，超圣入凡难”。关于这句话，我们可以结合著名的“参禅三境界”来解释。所谓参禅三境界，是唐代禅宗大师青原行思提出的，即“参禅之初，看山是山，看水是水；有所觉悟时，看山不是山，看水不是水；大彻大悟后，看山仍然山，看水仍然是水。”

我们不难从自己的人生经历中找到类似的体悟。人生第一阶段，看山是山，看水是水，是说那时我们涉世未深，对世上很多事物都感觉新鲜、好奇，眼光、心地都还纯洁，白纸一张，别人说什么就是什么，看似一点就懂，实则懵懵懂懂，从而往往把邪见当成真理，且有一种信徒般的虔诚。当今社会上屡见不鲜的传销组织中受害的年轻人们就是最好的例子。

碰过壁，吃过亏，自然会长经验，但同时也会对现实世界产生怀疑，这时就进入了看山不是山，看水不是水的第二重境界。处在这个境界的人，普遍都在追求“超凡入圣”，认为只有入了圣，才能改变这个世界，主宰自己的人生。这在一定程度上说是对的，如果达不到这个阶段，后面的阶段就不需谈起了。

“超凡入圣”的人，泛指生活中一切成功人士。人在这一阶段，最容易犯的毛病就是自我迷失，别人说自己是大师，自己便自以为是了，别人说自己是圣人，自己便以为自己比圣人还圣人，开始浮躁发烧，自我膨胀，再也踏实不下来。或者，把自己绑在欲望的战车上，日夜不辍，挡我者死，总以为不赚更多的钱，不求更大的名，就是不求上进。

只有少数人能够受一些偶然因素的启发，茅塞顿开，幡然了悟，认识到自己原来也是要食人间烟火的，发现自己还是高级动物一个，意识到人生不能由名利主宰，心中的荒草不能再这么蔓延下去，从而，剥下俗世的标签，返璞归真，顺其自然，达到更高的境界。这时，看山还是山，看水还是水，只是这山这水，看在眼里，又有另外的内涵了。

著名作家林清玄则以香水作比喻，解释“超凡入圣”与“超圣入凡”。他在一次采访中说，社会上的人，差距并不大。好比百货公司的香水，95%都是水，只有5%不同，那是各家秘方。人也是这样，作为95%的东西其实是很像的，比较起来差别就是其中很关键性的5%，包括人的养成特色，人的快乐、痛苦、欲望等。制香水的香精，要熬个五年十年才加到香水里去；人也是一样，要经过成长、锻炼，才有自己的味道，这种味道是独一无二的。你向内看的时候要看到自己的5%，就不会迷惑；对外的时候你要看到那95%，跟人来往才能内敛、含蓄。简单点讲，前面是“超凡入圣”，后面是“超圣入凡”。

林清玄并自陈，自己刚做记者，去采访一些高高在上的人时，非常紧张，后来便发明了个咒语——大家都是人。在心里念叨几遍，便完全放松了。当然，人与人终究还是有差别的。在人生境界方面，林清玄说，每个人左边都有一座谷，右边都有一座山，人在谷中，便成了“俗”字，所以人要尽量跳出“谷”，往山上走，人到山上，就成了“仙”，但人又不能走得最高处，因为高处不胜寒嘛！至于如何把握好其中的平衡，没有标准答案，只能结合每个人独有的生活环境去体悟、把握。这道理同样适用于人生的追求，追求名利，这看似有点俗，但绝对不让人追求，也是做不到的，最好的办法就是花一半的时间去追求，另一半的时间用来使自己心灵更开阔、更平和。

近代高僧弘一大师则用亲身经历给我们解释了什么叫“超圣入凡”。

有一次，一个经常去寺里看望他的老友惊奇地发现，寺里一株枯死多年的古树，竟然发出了新芽，便对弘一大师说：“这树死了多年，现在又发芽了，大概是因为你这位高僧住到这里，感动了它，使它起死回生的吧！”弘一大师却说：“我哪有那么大的本事？我只是给它教了一些水，没想到它竟然活了过来。”老友听了，佩服之余，自叹不如。

如果弘一大师不道破缘由，谁又知道那枯树重新发芽的真正原因是什么？若是碰上个有炒作需要的，还少不了一番大力宣传，引得一些稀里糊涂的信徒前仆后继，让大师名利兼收。不过那位老友也不是一点道理都没有。如果不是高僧给枯树浇水，怎么会有这种奇迹发生？世界太奇怪，真正境界高的人，总会把自己放低再放低，做一些旁人不屑甚至认为是无聊的事情；而越是境界低的人，偏偏越是爱给自己扣各种“伟大”的帽子。至于到底谁境界高，不是洞悉世事的人，很难分辨。

参禅、顿悟也如此，别以为禅有多玄，它简单得很，广泛地存在于俗人俗事中，顿悟了的人，也还是要一五一十地生活，也有悟不通的地方，更不能吸风饮露，羽化生仙。神仙都是活人造的，要么是因为愚昧，要么是基于某种目的。可这么说，肯定会有人不信，奈何？

第10章　活在当下

1. 三生与三天

佛教的传播与发展，对中国文化的影响不可谓不大。太细微的方面不说，单是今天常用的一些语言和文字，就有不少源自佛学，比如“三生有幸”、“刹那”、“当下”，等等。

“三生有幸”中的“三生”，原指佛教“轮回之说”中的前生、今生与来生，后来，人们在此基础上不断丰富其内涵，与“三生”有关的东西越来越多，其中最为著名的莫过于“三生石”，以及由此衍生出来的相关词语——缘定三生。

我们是要讲爱情吗？不是。我们是要讲人生，讲生命。

什么是人生？简单来说，人生就是时间。时间就是生命，所以我们要珍惜时间，像珍惜生命一样珍惜时间。说到珍惜时间，人们往往说，要珍惜生命中的第一天，或者进一步说，要珍惜每一分、每一秒。似乎已经到了极致。那么有没有比秒更小的时间单位呢？当然有，不过我们这里要说的不是微秒、毫秒、纳秒、皮秒，而是佛家的时间单位。

佛家有一套完整的时间单位体系，其中最大的单位叫“劫”，劫又分小劫、中劫、大劫，大劫有多长呢？有关学者认为相当于268.768亿年！这是个什么概念呢？举个例子，《西游记》中，孙悟空大闹天宫，道教收不住场了，请如来帮忙，孙悟空提出当玉皇大帝的要求，如来告诉他自己苦历过一千七百五十劫——笼统一算，就是说，人家玉皇大帝几乎在恐龙时代就开始修行了，你才从石头里蹦出来几天，怎么可以说当就当？

那么，佛教最小的时间单位是什么呢？就是我们前面提到的“当下”。我们不妨以 1 分钟为单位，进行一下换算，1 分钟有 60 秒，1 秒钟有 60 个刹那，1 刹那有 60 个当下，换言之，1 秒钟包含 3600 个当下。

那么，佛家把时间分成这么小的单位，用意是什么呢？自然也有让人珍惜时间的意思，但这不是主要方面。那么小，怎么珍惜？考虑这个问题本身就是浪费时间。佛家的用意是让人“活在当下”。为什么要“活在当下”呢？艰深的佛家理论我们就不讲了，我们来看一个有普世意义的小故事：

佛祖住世时，有一天遇到一个名叫曼童子的年轻僧人，他连续给佛祖提了 14 个问题：

1. 世界恒常存在吗？
2. 世界不会恒常存在吗？
3. 世界既恒常而又不恒常吗？
4. 世界非恒常非非恒常吗？
5. 世界有边际吗？
6. 世界无边际吗？
7. 世界有边际而又无边际吗？

8. 世界非有边际非无边际吗？

9. 生命即是自我吗？

10. 生命与自我并非同一吗？

11. 佛死后还存在吗？

12. 佛死后不存在吗？

13. 佛死后存在而又不存在吗？

14. 佛死后非存在非不存在吗？

这些个问题，直到今天还有很多人问个不休，这也是14个没有标准答案的问题，或者说是没法回答的问题，但却一点儿也难不倒佛祖，因为他根本就不予回答。之所以不回答，是因为他认为这些问题根本没有意义。既无意义，就没有回答的必要。佛祖的时间也是宝贵的。

尽管如此，佛祖却没有以“问题没有意义”为由一推了之，而是给曼童子及众弟子讲了一个譬喻，就是打了个比方：“这就好比有人中了一支毒箭，非常痛苦，命在俄顷，亲人们非常着急，马上为他去请医生，治箭伤。但中箭的这个人却认为在拔箭疗毒之前，自己必须先弄清下列问题：你们要给我请的医生姓甚名谁？高矮胖瘦如何？肤色是黑是白抑或半黑半白？出身于何等种姓家庭？是婆罗门、刹帝利还是贱种？其籍贯在东边还是在南、在西、在北？那把射我的弓是用桑木、柘木抑或牛角制成的？弓弦是牛筋还是鹿筋抑或丝制成的？弓的颜色是黑是白？是赤是黄？箭杆是竹制还是木制？箭羽是雕鹫翎还是鹤羽、鸡毛？箭头的形状像矛还是像刀？制箭头的工匠姓甚名谁？高矮胖瘦如何？肤色是黑是白抑或半黑半白？他的出生地又在南在北在东在西？……这实在是个愚痴的人，因为他根本就等不到弄清这些问题，便会毒发身亡。解决这些问题有什么意义呢？解决中毒的问题不仅是当务之急，也是根本问题。”

归纳起来讲，佛祖也好，佛家也好，是在告诫世人，佛法虽然讲来世、讲轮回，但所有这些，都是为今生服务的。至于有人认为今生学佛来生才能受益，我们已经说过多次，那是封建统治者与佛门败类联播炮制出来的，是伪佛法。

我们也可以从另一个角度切入：一些影视剧作品中，也包括一些书籍中，总是说，修成正道，才能逃脱轮回之苦。如何修成正道呢？这个话题太大，我们不妨换一种有禅意的回答方式：只要你活在当下，放开“轮回”之说，你就已经跳出了轮回。跳出轮回，先得从思想上跳出来。

退一步讲，即使真有轮回，真有三生，你所能把握的也只有今生。你所能做的，也只能是活在今生。当然，如果你不开窍的话，你会活得很糊涂，很痛苦。

活在当下——现代人都这么说，也没有人把它当佛语。近代以来，人们对时间以及“活在当下”，也有了更时尚的看法与说法。最著名的一种就是：人生就是三天，昨天、今天和明天。但其实，人生说到底不过一天。因为昨天已经过去，好也罢，坏也罢，都已经过去，永不会再来；明天还未到来，好也罢，坏也罢，都还是未来，我们没法让它提前。说残酷点儿，人生无常，我们甚至不能保证自己肯定能见到明天的太阳。可以把握的，只有今天。今天把握不好，就会成为痛苦的昨天。今天把握不好，明天估计也好不到哪儿去。

活在当下——说简单点，就是我们要活得潇脱、活得自在，不为那些无谓的事情去劳神。

说具体点，活在当下，就是夫妻不记隔夜仇，有些夫妻，昨天吵架了，今天仍怒气相对，这就是没活在今天，而是活在昨天。

说残酷点儿，活在当下，就是从今天起，不管你现在年纪多大，境遇如何，都要把今天当作最后一天去活。

往实在里说，活在当下，就是说我们要务实，要惯看秋月春风，直面人生的风雨，要适应社会环境，接受那些让人不开心的人与事，修炼最宽广的胸襟。

2. 生活不在别处

去年冬天，北京落下最大那场雪的早晨，黑白颠倒的我刚睡下没多久，被老婆打电话的声音吵醒。电话是她的同学兼闺蜜打来的。闺蜜随老公去了地处亚热带的深圳，让饱受北方严寒的老婆很是羡慕。只听她在电话这头说："你多好啊！一年四季可以穿裙子！这两天北京下大雪了，一出门，冻得我连死的心都有了……"孰料对方打断话头说："是吗？你真是幸福啊！我这辈子还没见过雪呢！老想看看下雪是什么样的，可是太远了……"

打电话的这两位，都犯了"生活在别处"的毛病。所谓"生活在别处"，最早出自法国天才之人兰波之口，后来，米兰·昆德拉以它为书名创造了一部小说，让这句话世人皆知。不过也有人说，最早提出这句话的是卢梭。不管是谁吧，都是大师级的人物；这句话的意境也很美，很浪漫，很励志；唯一美中不足的是，他们及他们倡导的那种生活，都离我们太远，都在别处。

这么说来，"生活在别处"，基本上等于生活在梦幻中。那么，人又为什么不喜欢生活在梦幻中呢？或许是因为他的现实生活确实不好，或许是因为他创造幸福的能力太低，又或许是因为他想当然地认为别人一定比他生活得好，这山看着那山高，又或者是他的欲望太大，幸福的标准太高。

原因有很多，事实却只有一个：不管一个人多么想生活在别处，他都只能生活在他自己生活的地方。你在哪里，生活就在哪里。幸福也一样，如果你在身边找不到幸福，跑多远都没用。

印度大诗人泰戈尔有一首名为《错觉》的小诗，说得正是那些“生活在别处”的人：

河的此岸暗自叹息：看来，一切欢乐都在对岸。

河的彼岸一声长叹：唉，也许，幸福尽在对岸。

朱德庸有一组立意相近的漫画，叫《我从十一楼跳下去》，大意是有一个女孩非常绝望，决定自杀，但她在从十一楼往下坠的过程中，看到了从十楼到一楼的邻居们不为人知的一面：平时恩爱的夫妻在吵架，平时坚强的男人在哭泣，有人抑郁，有人失业，有人分手，有人孤寂，有人被戴了绿帽子……在落地前的那一刻，她才明白：跟他们比，我其实过得还不错！还没想完这些，她重重地摔在了地上，那些人都把头伸出窗外，看着她。她又想：他们看到我，也许会觉得自己还不错。漫画的最后，朱德庸写道：“古人明训：活在当下，知足常乐！”把这幅画与泰戈尔的诗结合起来看，我们应该明白：生活在有些时候是无奈的，就像河的此岸永远到不了彼岸，除非河水干涸，而这无异于人失去了生命。另外，不必为这些无奈而郁闷，诗人卞之琳有诗曰：你站在桥上看风景，看风景的人在楼上看你。不是你的生活不好，而是你不懂得另一种形式的“生活在别处”，即站在别人的角度看待自己。著名财经作家古古也说：你拥有了淑女，必然失去辣妹。你不能太贪心。

说到这里，我们的基调还是消极的，我们所有的语言基本上还是苍白的，因为很多人还是发自内心地想“生活在别处”，因为他们的现状真的不是很好，他们想“生活在别处”，完全与情调无关，或许只是为了生存和发展。那也不必难过。一个人并非不能“生活在别处”，只看怎么理解。尤其是当一个人羡慕的“别处”是一种物质范畴内的东西时，只要他懂得活在当下，并立足当下，肯努力，并具备一定的智慧，他就能改变当下。当他改变了当下的时候，不就等于生活在归初的“别处”了吗？

怕只怕人永远生活在别处。说到这里，我们有必要返回前面泰戈尔那首小诗，详细探讨一下“彼岸”之说。说到彼岸，就不得不说《心经》。众所周知，它是所有佛经中翻译次数最多，译成文种最丰富，并最常被念诵的经典。其中最著名的那句经文“揭谛揭谛，波罗揭谛”，经常被翻译成“去吧去吧，到彼岸去吧”，实乃大错。这还要从“佛”与学佛的本意说起。什么是佛？我们说过，觉悟的人。而学佛，就是寻求觉悟的过程。因此，“揭谛揭谛，波罗揭谛”的真正译文应该是“揭示真理，揭示真理，向着觉悟出发”。退一步讲，即使把“揭谛揭谛，波罗揭谛”翻译成“去吧去吧，到彼岸去吧”没有错误，但“彼岸”又是什么？翻译了半天，人们还是不懂，翻来何用？

“彼岸”一说也不是佛教的专利，早在佛教传入中国之前，中国先人们便在《山海经》、《楚辞》等书中想象出昆仑山上有一个彼岸世界，上面有壮丽的宫阙，精美的园囿，四周环绕着弱水，长着各种奇花异木、珍禽异兽，并产不死之药，各类神话和传说中的人物大多生活于此。神人们平常吃的是玉，出行则依仗各种会飞能跑的乘骑……

而日本，不仅同样有“彼岸”的说法，还有专门的“彼岸日”和“彼岸花”。不过日本人的彼岸与印度人、中国人的“彼岸”完全不是一回事。在日本文化中，“彼岸日”相当于我们的清明节。换言之，“彼岸”就是指死后的世界。或是把这一说法放到中国，那不是诅咒是什么。而日本的“彼岸花”，则分传说版与现实版。在传说中，彼岸花只开于黄泉，且是冥界唯一的花。而在现实中，这种花经常长在野外的坟头上，因此便被消极的日本人赋予了死亡和分离等不祥色彩，常用于丧礼，又称“死亡之花”。

可是，当我们把目光拉回中国，就会发现，这种被日本人称为“死亡之花”的石蒜科的植物，反倒因其色彩鲜艳经常被用作喜庆之花！同样一种花，在不同民族的文化中，寓意截然相反，“此岸”与“彼岸”，“此处”与“别处”，不也如此吗？还有比这更具说服力的吗？

总之，生活不在别处，即使在，人也不应生活在别处。不是有句诗嘛：风景这边独好！最后，让我们克隆一下泰戈尔那首著名的《世界上最遥远的距离》，权当我们的结尾：

世界上最郁闷的事情
不是不能生活在别处
而是明知不能生活在别处
还想生活在别处

世界上最郁闷的事情
不是明知不能生活在别处
还想生活在别处
而是即便让他生活在别处
他还会生活在别处
……

第 11 章　平常心

1. 吃好睡好

慧海禅师是唐代高僧，因其俗家姓“朱”，且被当时的禅门领袖马祖道一禅师誉为如珍珠般“圆明光透”，所以时人又称其为“大珠和尚”。典籍中说，他悟道后深藏不露，故意表现得笨嘴拙舌、呆板木讷。然而由于他得过马祖的首肯，因此不管他怎么韬光养晦，向他求学的僧人越来越多，不分白天黑夜地向他提问题。事不得已，禅师只好随问随答，其智慧犹如泉涌，且深入浅出，令人叹服。

有一次，一个僧人问他：“听说您修习禅道非常用功？那您是怎样用功的？”禅师说：“很简单，饿了就吃饭，困了就睡觉。”僧人不解：“世上有谁不是饿了吃饭、困了睡觉？这也叫用功？”禅师说：“你只知其一不知其二：世人虽然也是在吃饭、睡觉，但他们吃饭时百般挑拣，睡觉时辗转反侧，跟我完全不同。”

这个典故，后人把它总结起来，叫“饥餐困眠”，也叫“饥来吃饭困来眠”，是非常高的修行境界。我们可以分别从吃饭和睡觉两方面去理解它。

首先，“民以食为天”，人要生存下去，就要吃饭，没饭吃，一切免谈。我喜欢读史，读史过程中最惊心动魄的地方，莫过于那些“人竞相食”、“易子互食”之类的记载。五代十国时期，有的军阀甚至用人肉当军粮！抛开这些极端事件，我们仍然可以说，五千年中国史，基本上还是一碗饭的历史。啥时候老百姓没饭吃了，那碗饭吃得太艰难了，天下就会乱；有人振臂一呼，给老百姓饭吃，人们就跟着他走，和他并肩战斗。江山打下来，懂得在自己大吃大嚼的同时也让老百姓吃饱饭的，江山就坐得久一些。如果能在此基础上再让老百姓吃得有营养点，如孟子倡导的让七十岁以上的老人吃上肉食，那就是“王道乐土”，是封建社会的最高境界了。

前两年有个纪录片特别棒，叫《舌尖上的中国》，当真是五花八门，无所不吃。外国人甚至说，中国人带翅膀的除了飞机不吃，带腿的除了桌子不吃，什么都吃。我们自然不会为那些不惜触犯法律也要吃的国人开脱，只不过也应想到，中国人之所以“不挑食”，最主要的原因恐怕还在于古代先民们的肚皮始终处在饥饿状态。

现在，绝大多数中国人虽然不至于挨饿了，但还是喜欢把“吃饭”引申为生存，把“饭碗”引申为工作，骂人工作能力差叫“饭桶”，说人狂妄叫“不知自己吃几碗干饭”，懂得谦虚的人总说自己“也不过混碗饭吃”，大多数见面打招呼都是问“吃了吗”。在有文化的人那里，则是“世间唯有读书好，天下无如吃饭难。”

俗话说，一样米养百样人，世上有各种各样的人，吃饭的方法也各种各样。有“土里刨食”的，有吃公家饭的，有靠山吃山的，有凭苦力吃饭的，有靠嘴皮子吃饭的，还有吃软饭的。尽管实行了计划生育，但中国人还是越来越多，有那么多需要吃饭的人，有那么多想吃得更好的人。社会越来越热闹，越来越复杂，各行各业竞争日趋白热化，处于劣势的，即使吃饭不成问题，但压力总是有的，迷茫、徘徊、郁闷、愤怒也都是会有的，对此，有关人士给出了解决之道："屁股要稳，思路要宽，交际要广，认人要清，信息要灵，下手要准。"基本上做到这六点，吃饱、吃好都不成问题。

问题在于，这只是理论上的结论。如果做到了这些，仍然吃不饱、吃不好怎么办？那就只有照大珠慧海禅师说的去做：饿了就吃。不管怎么样，饭还是要吃的。在你的物质条件没达到一定阶段时，就试着把你的幸福标准降低点。现代人之所以郁闷，多半就在于幸福标准太高。事实上，在饿了的时候，有一碗饭吃，就是最大的幸福。当然，你可以不认同这一点，但你还是必须吃饭。吃完饭，你才有力气继续打拼。

是谈谈睡眠时候了。说来也奇怪，当一个人处在社会底层、处在用体力谋生存阶段时，他很少有失眠的时候，因为他每天都会累得筋疲力尽，站在公交车上都会打盹，怎么可能失眠？可是等他度过了这个阶段，不必再像以前那么辛苦了，想吃什么就吃什么了，却往往没有胃口了；睡在高级公寓里的高级床垫上，也不再像以前那样沾床就睡了。

他为什么会没胃口呢？古人说得好，饥了吃糠甜如蜜，饱了吃蜜也不甜。但这不是主要原因，主要原因还是他吃饭时不再像以往那样头脑简单了。以往，他吃饭就是吃饭，至多在心中抱怨几句拉面馆的拉面汤太多、面太少之类。现在，吃饭成了工具，成了副业，赚钱才是主业，他一天到晚设下各种饭局，宴请各位大仙，想方设法让别人吃好，唯恐招待不周，鸡飞蛋打，哪有心思吃饭？

为什么睡不着呢？说简单点，是不困，困了自然就睡着了。说客气点，是脑子里事情太多，心里放不下。比如今天没成功的“A 计划”，比如明天将要实行的“B 计划”，比如什么办法也无法挽回的“C”事件，比如能让他的财富和影响力更上一层楼的“D 方案”，比如“E 美女”、“F 私生子”，等等，甚至包括想到某地有个禅功了得的“G 大师”，早就想去拜师却一直抽不出时间……好不容易睡着了，做梦还在想着这些事情！

人世间最幸福的事情是什么？有得吃且能吃好，有烦心事也能睡好。什么叫“修行”？什么叫“禅”？什么叫“顿悟”？都是形而上学。知道饿，知道吃，知道困，知道睡，顺其自然，那就是修为。若连这些都想不明白，作为多大，有什么用？

禅语有云：平常心是道。保持一颗平常心，是快乐之道，也是成功之道。有一首著名的禅诗，阐释的就是这个道理：“春有百花秋有月，夏有凉风冬有雪。若无闲事挂心头，便是人间好时节。”春花秋月，夏风冬雪，这是自然而然的事情，人世间的很多事情，都像它们一样，非人力可改变，至少不是想改变就能改变的。人只能在顺应的基础上行事，有花就赏花，有月就赏月，有风就吹风，有雪就踏雪。没花、没月、没风、没雪，也不要紧，要紧的是，不要因为这些没有的东西影响自己的心情。要明白，人生只要有饭吃，有衣穿，有事干，能睡好，就是幸福，更多的，是陪衬，失去了，不过如此；得到了，也不过如此。

2. 戒妒如戒毒

据《迁善录》一书记载，宋代有个叫蒋瑗的士大夫，先后生了十个儿子，九个都是残疾人，有驼背、有跛子、有聋子、有瞎子、有哑巴、有弱智……唯一一个正常的，还因为犯罪死在了牢里。他的一个朋友精通佛法，问他："你都干什么了？怎么会遭这么大的灾祸呢？"

蒋瑗说："我也没干什么大坏事，只不过心胸不是很开阔，经常嫉妒比我高明的人。看见别人得了好处，好像自己损失了什么似的。看到别人受损失，则好像自己得到好处一样。此外，听到别人做善事，我一般不信。但听到有人做恶事，我深信不疑……"

"够了！"朋友打断他说："按佛家的说法，你这都够下地狱的了，你再不改过向善，必然满门全灭，绝不止此！好在你现在开始，还不算太晚。"

这话让蒋瑗很害怕，此后他痛改前非，广修善行。说来也怪，几年后，他那九个有残疾的儿子居然都逐渐痊愈，成了正常人了！

这样的故事，绝对是宣扬因果报应思想，故意夸大其辞，不必深信。不过它的忠告是没差的。往小里说，克服嫉妒之心能免除人的烦恼；往大里说，能让人远离灾祸。

现代人常说，羡慕嫉妒恨，空虚寂寞冷。初一看，这句网络流行语，怪头怪脑，不伦不类，但稍微对文字有点感觉的人都能品味出它的传神：羡慕嫉妒恨，空虚寂寞冷——多清晰的一幅心路历程图，多微妙而又必然的因果关系！因为把握不住羡慕的尺度，从而跌入了嫉妒的烈火，由于不能自拔，继续跌入了嫉恨的深渊，到最后受害的还是自己，而空虚寂寞冷，还是最轻的。

有人认为，嫉妒也有积极因素。这话不假，但不要拿嫉妒当励志。嫉妒通常发生在两个水平差不多的人身上。比如，当你告诉自己的邻居，世界首富已经不是比尔·盖茨了，而是大洋彼岸的某某新贵，对方的反应肯定不以为然：爱谁谁，关咱屁事！但你若告诉他，你这个月涨工资了，或者当主管了，尤其是在你俩能力、经历差不多的情况下，甚至于你俩就供职于同一公司，上个月还是同一位主管下面的小兵，那么，他多半也会说些“恭喜、恭喜，我早就知道你不是普通人”之类的祝贺语，但实际上，就算不嫉妒你，心里也早在哀叹“为什么这种好事总是轮不到我”了，基本上是不会为你高兴的，除非你请他“搓一顿”。

有个网友说得很有意思：蹬三轮的往往嫉妒骑骑摩托的，总是说，“这小子，竟敢超我，不要命了?!”但对速度特快的飞机却从不说三道四；卖水饺的总是眼红卖馄饨的，总是想，“他有什么了不起，生意竟然这么好?!”却从不嫉妒星级酒店的大老板；你的同学看你考了好成绩，往往在心里嘀咕：“他以前成绩远不如我，这次多半是抄的!”但对老师却从不嫉妒。

这说明了什么呢？很简单：嫉妒是没出息的表现。如果仅仅是心里看不惯，看不得别人比自己好，比自己强，也就罢了。事实上，大多数人之所以会嫉妒别人，就说明他们心理阴暗，缺乏阳光，除非他们嫉妒的人会突然遭遇什么变故，又和他们“平起平坐”了，甚至还不如他们了，否则他们就会想出各种办法，高明的，低级的，下三滥的，总之，非得把别人拉回到他的水平，他胸中那团无名之火才能平熄。更有甚者，有些人会像童话故事中那个每天都要问“魔镜魔镜，谁最美丽”的白雪公主的后母一样，恶向胆边生，到头来，毁了双方幸福的生活，悔之晚矣。

佛经中就有一个很好的故事：

佛祖住世时，古印度十六大国之一的摩伽陀国国王饲养了一群大象，其中有头白象，通身白皙，非常漂亮。国王把它专门交给一位驯象师照顾，白象非常聪明，不久就与驯象师建立了默契。

一个节日，国王要举行隆重的庆典，打算骑着这头白象去观礼，于是命驯象师将其洗刷一遍，精心打扮。驯象师照做后，国王就在一众官员的陪伴下，乘着白象去参加庆典。谁知由于这头白象实在太漂亮，百姓们都围拢过来，纷纷赞叹：“看啊，象王！象王！”结果让骑在白象背上的国王很不高兴，他觉得自己的风头居然被一头象给抢了，便匆忙转了一圈，回到宫中。然后，他把驯象师叫来，问：“你有没有训练这头白象一些技艺呢?”驯象师回答：“训练了很多。”国王又问：“能不能让它在悬崖边展示一下呢?”驯象师表示没有问题，于是国王下令，明天带白象去与邻国相邻的悬崖上表演。

第二天，大家准时出现在悬崖边上。国王指着白象问：“它能以三只脚站在悬崖边上吗?”驯象师说，“这很简单”，说完，他骑上象背，对白象说：“来，用三只脚站立。”白象立即缩起一只脚。

国王又问：“它能两只脚悬空，只以两只脚站立吗?”“可以。”驯象师又命白象缩起另一只脚，白象很听话地照做了。国王还是不满意，继续提要求：“它能不能三脚悬空，只用一脚站立——悬空在悬崖上?”驯象师顿时明白了，国王这是想杀死白象和自己啊！不过，这对白象来说并不是问题，再说，万一自己错怪国王了呢？于是他对白象说：“你这次小心些，收起三只脚，只用一只脚悬空站在悬崖上。”白象非常谨慎地照做了。围观的百姓见了，都情不自禁地拍起了巴掌。

在一片叫好声中，国王又说：“它能把第四只脚缩起，全身悬空吗?”驯象师听罢，赶紧伏低身子，对白象说：“国王存心要你的命，我们在这儿很危险，你就腾空飞到对面的悬崖上去吧!”说来也奇怪，这头白象居然像刘备的的卢马一样，真的腾空飞过了悬崖，平安地落在了邻国。邻国的百姓见一头大象驮着一个人从空中飞来，都认为这是天大的吉兆，满城欢呼。邻国的国王特意接见了驯象师，驯象师将事情的来龙去脉讲给国王听后，国王叹道：“唉，一个人怎么会嫉妒一头象呢？我们的很多幸福不也是这样被逼走的吗?”

的确，克服不了嫉妒心，人就会不断地逼自己。那么，如何克服呢？著名哲学家罗素曾经给出过自己的解决方法：一、无私；二、比别人更幸福；三、超越自我。客观地说，关于无私和超越自我，一般人很难做到，尤其是那些善妒的人，否则他们就不会嫉妒了。所以，还是第二条比较务实——一个比别人幸福的人是不会嫉妒别人的。

古人也说：临渊羡鱼，不如退而结网。你站在岸上咬牙切齿有什么用？鱼儿绝不会傻到自投罗网。更何况，即便它们肯投，也没我们的份儿——我们连“网”都没有。现实生活中，很多人看到别人富裕了、成功了，就羡慕、嫉妒、愤恨，但让他们自己去做，又顾虑这、担心那，迷茫、徘徊、患得患失。现实是残忍的，羡慕也好，嫉妒也罢，非但不会让我们产生些许安慰，反而会让我们更加痛苦。

不要再羡慕了，任何人的幸福都来自拼搏。不论是他自己拼的，还是他老爸老妈拼的，想与他们平起平坐，分一杯幸福，拼搏是唯一的途径。

第 12 章　人在江湖

1．轻装上阵

现代人常说：有人的地方就有江湖。不过很少有人知道，“江湖”一词与禅宗颇有些渊源。

中唐时，中国同时出现了两位禅宗巨匠，马祖道一禅师与石头希迁禅师，简称马祖与石头，二人虽然一住江西，一住湖南，但彼此倾慕，联系紧密，没有丝毫门户之见。因此，当时学禅的人往往能同时得到两位大师的共同教导。当然，由于当时既没有网络，可以异地授课，也没有高铁等先进交通工具，通常情况下只能靠两条腿，从江西马祖那里走到湖南石头禅师那里，或者从湖南走到江西。从江西走到湖南，时人就称作“走江湖”，当然，从湖南到江西，也叫“走江湖”，而不能生搬硬套为“走湖江”。

走江湖，什么最重要？

武侠小说告诉我们，是义，是忍，是打不过就跑，等等，禅宗大师们则告诉我们，最重要的是轻装上阵。

话说有一次，一个青年僧人历尽风雨，好不容易赶到了湖南，见到石头希迁禅师，禅师劈头就问：“你从哪儿来？”僧人说，从江西来。禅师又问：“见到马大师了吗？”对方说我就是马大师的门下，因为迟迟没有开悟，特来请教。禅师便指着禅房外的一大堆干柴问他：“马大师就像那个吧？”一下把这个僧人问蒙了。僧人没好意思再问，而是发扬一不怕苦、二不怕浪费时间的精神，风尘仆仆地赶回江西，把这件事讲给马祖。马祖听完一笑，问他：“那堆干柴有多少？”僧人说：“好大一堆呢！”马祖叹息一声道：“你力气真大！”这突如其来的一句话又把僧人绕进去了。马祖倒没让他再跑一遍，耐心地教导他：“你想想，你把那么大一堆木柴放在心头，不远千里，从石头禅师那里一路背来，力气还不大吗？”

我们不妨把两位大师的话解释得更透彻些。石头禅师问那个青年学僧，马祖“像不像那堆干柴”，其实是巧妙地点化他：你在马大师那里，学了不少知识，却没有开悟，主要是你被那些知识困扰住了，那些知识就像一堆干柴，压在你心里，不抛开它们，怎么参禅悟道呢？可惜他想不明白，还不好意思问，又费了好几双鞋，最终才在马祖“手把手”式的开释下，悟到了自己之所以没有开悟，就在于以往虽然勤奋、努力，但心眼太死，把力气花在了很多不该着力的地方，自寻其扰，等等。

对我们普通人来说，这件事的启示就是，江湖本就险峻，世路本就难行，行走其中，再不放下心里的包袱，岂非累上加累？另一方面，江湖固然险恶，可江湖也有江湖的魅力，受武侠小说影响，很多人都有江湖情结，但除了少数有暴力倾向的人向往江湖上的刀头舔血、快意恩仇，大多数人向往的还是那种洒脱、轻松、随遇而安的生活方式。

时尚青年们常说的，“一场说走就走的旅行”、“一场奋不顾身的恋爱”，等等，都是这个意思。

当然，古龙说，江湖并不在天涯，就在你我心中。人生路，就是江湖路，走江湖，谁都想走出个名满天下，富甲一方；行人世，谁都想人生价值最大化。但武侠小说告诉我们，人不能心思太重。贪财的人，不是与宝藏无缘，就是死在黄金窟里。一心成为天下第一的人，不是参不透武功心法，就是走火入魔。所以，不管你现在身处何方，准备往哪儿走，有多么伟大的目标，都要放下包袱，轻装上阵。先主宰自己的心，才能主宰自己的世界。

很多人都听说过“羿射九日”的传说。事实上，在我国历史上的夏朝，还真的有一个名叫后羿的神箭手，虽不至于射下太阳，但至少称得上百步穿杨。但就是后羿这样的神箭手，一旦背上了心灵的负担，也会发挥不出原来的水平。有一次，夏王让后羿射一个兽皮做的箭靶，并说：“射中目标就赏你黄金万两；射不中就剥夺你的封地。”后羿听了，顿时紧张起来，脸色一阵红一阵白，胸脯一起一伏，怎么也平静不下来。他拉开弓，连射两箭，连靶子的边儿都没挨上。夏王不解地问大臣这是何故，一个大臣解释说：“后羿平时射箭是百发百中的，今天他是被患得患失的情绪害了。大王定下的赏罚条件成了他的包袱，所以，他的表现很不正常。如果人们能够排除患得患失的情绪，把厚赏重罚置之度外，再加上刻苦训练，那么，普天下的人都不会比后羿差的。”

庄子也曾经讲过一个发人深省的故事：有一个围棋高手，用瓦盆做赌注时，他的水平可以发挥得淋漓尽致；可当他拿黄金做赌注时，却大失水准。当代的心理学家们也做过这样的实验：让受试者给小小的缝衣针穿线，受试者越是全神贯注的努力，线越不容易穿入。盯得久了，眼还会花，根本没法穿了。这种现象，在科学界被称为“目的颤抖”，即目的性越强，就越不容易成功。相反，还容易把平素可以轻松完成的任务搞砸、搞糟。

目的颤抖，实质上是心灵的颤抖，是过于功利化且不敢面对失败的表现。很多运动员身上都有这种现象。全运会明明发挥得很好，但一上亚运会、奥运会赛场，尤其是在教练说“好好比，赢了奖你一套房子”时，所以有经验的教练都会这样说：“没关系，即使输了，能站在这里，就是成功!”

生活也是如此，除了输就是赢，希望越大，失望也就越大。希望小了，或者不抱希望，却也未必就输。所以人们常说，翻跟斗没关系，但要给自己找个软着陆的地方；爬云梯没关系，要记得给自己留下往下走的台阶。人可以辛苦点，但心不能累。轻装上阵，未必能赢，至少不会输太惨。

庄子说：“淡然无极而众美从之。”淡然，就是淡定；无极，就是终极；众美从之，就是所有美好的事情都围绕着他。应该说，让普通人达到淡然无极的境界是不现实的，大家也没必要都达到无极的境界。水往低处走，人往高处走，我们随着大流，随着时代往高处走就是了，但是有一点，不要把那个还未达到的“高处”做成沙袋，捆在自己身上，那样，你将无法去约见那个成功的自我。

2. 一笑置之

守端禅师是北宋年间名满天下的禅师，因长期住持舒州白云院，世称“白云守端”。成名之前，守端曾拜过两个师父，最初是茶陵郁禅师，其后是杨歧方会。

有一次，方会突然问他：“你以前是不是拜过茶陵郁和尚为师?”

守端说：“是。”

方会又问：“我听说茶陵郁和尚悟道源于一次骑驴过桥时不慎摔倒，还听说他当时写了一首诗偈，你记得那首诗偈吗?”

“我记得，”守端回答，“这首诗偈是：我有明珠一颗，久被尘牢关锁；今朝尘尽光生，照破山河万朵。”

方会听完后沉默了片刻，然后笑着走了出去。

老师因何发笑？守端望着他远去的背影，百思不得其解。

这时，寺院外突然响起了锣鼓声，守端随众人走出去，原来是两个小丑，他们一个扮作驱鬼的人，另一个扮作瘟鬼，动作非常滑稽，围观者都被他们逗得哈哈大笑。守端想着师父那奇怪的笑声，无心观看，一会儿便独自回到僧房，苦苦思索，弄得一个晚上都没睡好觉。

第二天一大早，守端就去敲师父的门，问：“您昨天为什么要笑我?”

方会说：“你昨天看见那两个装神扮鬼的小丑了吗?”

守端答：“看见了。”

方会说："你比他们差远了。"

守端涨红了脸，问："这话是什么意思？请师父指教。"

方会说："他们喜欢人家笑，你却害怕人家笑。我笑是因为我想笑，跟那首诗偈没有丝毫关系。"

实际上，方会禅师当时那一笑，并不是像他所说的那样，因为想笑所以就笑，而是确有所指，那么他所指的是什么呢？普遍认为，茶陵郁禅师那首开悟偈过于有名，他不可能不知道，他让守端背诵，是在借机考查，希望他用自己的偈来表达，而不是一字不变地鹦鹉学舌。不过，对我们来说，更有意义的还是他那句"小丑喜欢人家笑，你却害怕人家笑"。

我在上学时，并没有接触过这样的故事，但我曾经搞过一个恶作剧：找个同学，啥话不说，装作忍不住似的、一个劲地笑他，很多同学都会被笑得莫名其妙，看看自己的屁股，检查一下自己的裤子，等等，有些甚至会恼火，可见大多数人都是怕别人笑的，非独白云守端一人。

生活中，经常听到抱怨："哎，活得真累！"这种累，主要是心累。心之所以会累，主要是想得太多。像白云守端那样，因为师父随意的一笑（姑且这样认为），一种没有任何意思的脸部肌肉运动，就整晚失眠，不累才怪。

据说，国画大师张大千也干过类似的事情。张先生留着一把大胡子，神采飘逸，几乎成了他的标志。事实上，很多艺术家都这样，比如崔健的帽子、黄永玉的烟斗、葛优的光头，等等。突然有一天，一个朋友问张大千："您晚上睡觉时，是把胡子放在被子外面，还是放在被子里面呢？"

张大千不禁一愣："这……我以前从来没有留意过。这样吧，明天我再告诉你。”晚上睡觉时，张大千想起了朋友的话。他先是把胡子放在被子外面，感觉好像不太舒服；又把胡子拿到被子里面，感觉也不自然……就这样反反复复折腾了一晚上，张大千也没有想明白：以前想都没想过的问题，怎么现在却这么让人头疼呢？

这就叫作自寻烦恼。胡子放在被子里，还是被子外？这根本就不值得考虑，考虑多了，便成了烦恼。现代人的压力本来就够多了，一个劲地减压还“压力山大”，怎么还能人为地把简单的事情复杂化呢？在此奉劝一句：你可以寻找爱情，也可以寻找成功，还可以寻找朋友，但是千万别自寻烦恼。

从一定程度上说，爱自寻烦恼的人，是因为闲得无聊，是大脑下意识地空转造成的。古时有人曾担心天塌下来会怎么办？现代人则担心一旦太阳的能量耗尽，地球人怎么生活？一个连明天的早餐在哪儿都不知道的穷汉是不会想这些的。就算想，他也会想：爱塌不塌，塌了才好，大家公平了！对于这类情况，唯一的办法就是找点事儿做，并尽量忙起来。

一个忙碌中的人是没有丝毫烦恼的，除非他是在忙着找烦恼。孔子说：“其为人也，发愤忘食，乐以忘忧，不知老之将至。”一个人若是为了追求事业，是连吃饭睡觉都可以忘掉的。在追求的过程中获得的快乐，也是可以让人忘却其他烦恼的，甚至连进入老年和临近死亡，都没有时间去多想。也只有那些无事可做的人，才会对那些无关紧要的小事思来想去，徒生烦恼。

有些烦恼是自找的，但也有些烦恼乃至痛苦是自己找上门来的。每个人的身边都有一座江湖，而且是一座不允许归隐的江湖。不论你躲到哪里，都不可能百分之百地规避烦恼。这就叫“人在江湖，身不由己”。

如何应对这些找上门来的烦恼、苦痛呢？这句话的原创者古龙先生对此颇有心得。著名作家林清玄曾经在一篇文章中写道：有一次，他去探访病重的古龙，见其书桌上摆着一幅字：“陌上发花，可以缓缓醉矣！忍把浮名，换了浅斟低唱。”字的下方盖着一个古龙自刻的印章，上刻“一笑”二字。这个自刻的印章，古龙曾经把它送给过另一位武侠小说大师——倪匡，如今，又向倪匡要了回来。为什么呢？古龙解释道：“这幅字最能体现我这些年来的心境转变。过去开怀痛饮，是要掩饰内心的空虚，是‘忍把浮名，换了浅斟低唱’，说是‘忍’，其实是‘不忍’，不情愿；后来身体不好，不能喝酒了，但看到陌上的花开，也可以醉了，境界高了一层。现在呢，只有‘一笑’，对任何事都能‘一笑置之’了……”

的确，人要学会微笑。别人笑，你就随着他笑；别人不笑，你就引领他笑；只要还能笑得出来，不管现状如何，心情至少不会太差。

第 13 章　勿念我

1. 有容乃大

你有没有遇到过这种情况：走在大街上，迎面走来一个人，衣冠楚楚，文质彬彬，简单寒暄两句之句，便开始劝你加入某宗教组织……

至少我本人遇到过，且不止一次。勿庸讳言，我是个无神论者。因此遇到这种事，我一般都会推说有急事，找借口赶紧离开。不过有时却走不开，因为你会在一些朋友聚会的场合遇到类似的人。可以说，这并非都是坏事，那些朋友或者朋友的朋友，可能真的是发自内心的为你好，想“搭救”你，才劝你加入。不过他们往往犯这样一个错误，尤其是那些信奉“一神教”的人，动辄告诉你，这个世界上只有某某一个神，别的神啊祖啊都是外道……这还不算，他们还会告诉你，世界不久就会有大灾难，只有加入该教，到时候该教教主才能拯救你。更有甚者，如果你不相信、不加入某些宗教，该教教主就会非常生气，教主一生气，后果很严重，你就等着倒霉吧！

本书不讨论宗教，只是讲“顿悟”。

不止一位学者在公开或者私下的场合讨论过类似的话题。其中最令人欣赏的一个话题就是：如果释迦牟尼、耶稣基督、穆罕默德、老子等人坐到一起，大家一定会客客气气，而不是像现在那些打着他们的旗号杀来砍去的信徒。当然，除了客气，他们还会虚心讨教，相互学习，因为他们都知道，自己面对的都是相当了不起的人物，是最好的学习机会。

一句话，有容乃大。成大事者，首先要有博大的胸怀。只有那样，他才能兼收并蓄，成就自我。

傅大士的一个典故恰到好处地说明了这个道理。前面讲过，达摩是中国禅宗初祖，不过这并不代表在达摩之前中国就没有禅，而且也不代表达摩是唯一可以代表那个时代的禅宗领袖。在当时，除了北方的达摩，禅宗名宿还有南方梁朝的志公禅师和傅大士，合称“三大士”。这里只谈傅大士。傅大士又叫鱼行大士，说的是他未出家前，常去捕鱼。捕到鱼后，每次都把装鱼的竹笼沉到水下，让鱼儿有自由离去的机会，留着不去的，他才拎回家。因此人们都讥笑他是蠢人。当然我们知道，这不是蠢，而是慈悲。不过慈悲乃是出家人的本分。傅大士之所以能被人称颂千古，主要还在于他的禅学修为。

据说有一次，傅大士为了点化几度舍身入寺的梁武帝，头戴一顶道冠，身穿一件僧袍，脚上又穿着一双儒履，去见梁武帝。梁武帝见他打扮得这么奇特，就问：“你怎么这样打扮？头戴道冠，是表示你是道士吗？”傅大士不说话，只把身上的僧袍扯了扯，梁武帝又说：“难道你是僧人吗？”傅大士又把脚抬起来给他看，梁武帝又问：“难道你是儒士吗？”傅大士又扯扯头上的道冠。见梁武帝还是不懂，傅大士只好明言："皇上您喜好佛法，这是百姓之福，可是您太执着于佛法了啊！您把自己的皇帝当好，把国家治理好，就是在普度众生，就是慈悲为怀啊！何必一定要出家呢？把头剃光，穿一身和尚衣服，未必就是向佛啊！"

姑且不论梁武帝是不是接受了傅大士的巧妙劝导，这个故事至少印证了我们前面所说：禅不等于佛法。中国禅，其实是儒释道三教合一的产物。对此，仙逝不久的南怀瑾老先生也说过："傅大士以道冠、僧服、儒履的表相，表示中国禅的法相，是以'儒行为基，道学为首，佛学为中心'的真正精神。"老先生甚至认为，傅大士其实才是中国禅宗的领袖。因为在傅大士闻名天下时，达摩祖师还没有到中国，还没有正儿八经传禅法。一些历史学家则指出，达摩其实迟至唐朝才来到中国。当然，这些说法都只是一家之言，都只是争议。不过傅大士是中国早期禅宗的代表人物，这是毫无疑问的。

事实上，如果跳出禅宗这个话题之外，我们还会发现，傅大士的影响绝不限于禅宗。宋朝著名宰相曾经做过一首诗："道冠儒履释袈裟，和会三家作一家。忘却兜率天上路，双林痴坐待龙华。"大意就是说，傅大士所倡导的三教合一的思想，无论出家、在家人士，都值得吸取、借鉴。因为三家各有所长，互通有无，融会贯通，活学活用，不仅能助益个人与集体的生存与发展，也能避免固执一端、只学一途的弊病。具体说来是，儒家讲入世、道家讲出世、佛家讲救世；儒家讲天命、道家讲自然、佛家讲解脱；儒家讲气节，道家讲境界，佛家讲慈悲；儒家如小学、道家如中学、佛家如大学；儒家如粮店、道家如药店、佛家如百货商店；儒家求君子、道家求逍遥、佛家求自在；儒家弃小人、道家弃造作、佛家弃烦恼；儒家表现于礼、道家表现于真、佛家表现于戒，等等。事实上，此三家者，也正是我们民族传统文化的三大内核，它们共同形成了我们的国学，在很长一段时期内，支撑着中国的社会格局和国人的意识形态。对现代人来说，对它的理解无妨大道至简些：凡事不可偏激、不可偏信、不可偏废。只要是好的、对的，只要是对我们的生活有帮助的，我们就学习，我们就接受。当然在学习、接受过程中，还是要注意扬弃一些与现实脱节的、过时的、糟粕的东西。

2．和光同尘

在上面的章节中，提到，傅大士曾倡导“三教合一”，且很有可能是中国历史上最早倡导“三教合一”的人，那么是不是说，在傅大士之前，三教就是井水不犯河水呢？答案是否定的。事实上，三教尤其是佛、道两教，在长期共存过程中竞争颇为激烈，有时甚至显得不择手段，如道家曾经为打压佛家、占据优势，宣称“老子化胡为佛”之说，意思就是说释迦牟尼根本就是当年出关的老子进入胡地（古印度）变的，所以道为本，佛为迹，佛教必须往下站；而佛教为了打压道教，也造了的不少“经典”，贬低道家信奉的老子、庄子，宣称不是释迦牟尼学老子，而是老子学释迦牟尼，而且释迦牟尼还是老子的“太师父”辈，庄子等人更是连当弟子的资格都不够。总之，两教一些徒众为了自己的利益，乱说一气，全无风度。

不过，在相互论战、搞阴谋乃至借助皇权打压、打击对方的同时，双方其实也在不断地吸收着对方的一些观点，乃至一些原创文字都会被拿到自己的经典中。原本出自道家经典《道德经》中的“和光同尘”一词就是例证。

关于佛道之争，我们简单介绍一下即可，下面只看其共通、共融的一面。“和光同尘”，源出《道德经》第五十六章，原文是“塞其兑，闭其门；挫其锐，解其纷；和其光，同其尘，是谓玄同”，简单地讲，就是“塞住出口，关上门径，收敛锐气，排除纷争，调和光芒，混同尘垢，这是神奇的同化境界”，无非韬光养晦、收敛锋芒之意。而在佛经中，“和光同尘”则是指佛菩萨等为了引导、救度众生，暂时隐藏头上的佛光，化作普通凡人的样貌，不然或许会吓到信众，或者不利于佛菩萨见机行事。

说通俗点，佛道两家的意思都是劝人低调处世，切莫顶着光环到处乱跑，要尽量把自己放低，这是一种境界，也是一种处世智慧，尤其是一种想争取别人、影响别人时的必要前提。

曾经在某杂志看到过一个真实的故事，故事的主人公是个传教士，具体名字记不住了，姑且称他为 A 吧。很多年前，A 去到一个煤矿区传教。他每天都把自己收拾得非常整洁，待人无比和善，但好长一段时间，附近的居民没几个人买账。要不是看在每次礼拜时都能得到些小礼物的份上，人们根本不会去空旷、冰冷的教堂祈祷。

传教士焦虑不已。冬天来了，他想把教堂弄暖和些，便一个人跑到矿区，辛辛苦苦地背了几袋煤回来。然后顾不上清洗，像以往一样，挨家挨户的劝人们当天晚上去教堂祈祷。

出乎意料的是，当天晚上，所有他拜访过的人都聚到了教堂，诚心听他的布道，并且皈依了上帝。众人散去后，传教士百思不得其解。直到上床睡觉前，准备洗脸时，他才意外地发现：由于自己运完煤没有洗脸，自己的肤色简直就和那些黑乎乎的矿工们一样！

这个故事告诉我们：想影响别人，首要前提就是让对方觉得你和他是同一路人。只有这样，你才能走进对方心里，才有进一步交往的可能。这一点，正如著名国学应用专家翟鸿燊教授所说："同流才能交流——交流才能交心——交心才能交易。"

翟鸿燊教授据说还是"'人'与'入'效应"的提出者。所谓"人"与"入"效应，简单来说就是当你让一个人用双手的食指做一个"人"字给你看时，大部分都会站在自己的视角做"人"字，但在你的角度看来，他做的却是个"入"字。这个心理学效应强调的是人不能自我，越是想着我，以自我为中心，离正确答案也就越远。

翟鸿燊的这两个思路，大概都出自《道德经》中的名句："圣人常无心，以百姓心为心。"意思就是说，圣人——泛指那些德才兼备的人，之所以能够站到世人达不到的高度，做出常人做不出的成就，就在于他们能够走进没有"我"的世界，共四海之利为利，以天下之心为心。用现代的话来说就是舍小家，为大家，毫不利己，专门利人。而凡人，之所以称为凡人，最主要的表现就是经常把"我"字挂在嘴边，凡事以"自我"为中心。这是人之天性使然，也是普通人与智者、圣人的差别所在，甚至可以说是基督教文明与儒家文明（广义的儒家文明泛指华夏文明）的根本区别。

笔者在中国新能源行业协会工作期间，曾听一位在非洲工作多年的新能源方面的专家讲过一个故事：

一家精神病院住进了一位特殊的病人，他不哭不闹，不唱不跳，而是每天撑着一把伞蹲在角落里，不吃也不喝，因为他总以为自己是一只蘑菇。医生怕他饿死，就千方百计地让他吃饭，但他说什么也不吃。没办法，大家只好汇报院长。院长就想了个办法，他也撑了一把伞，蹲在病人旁边。不一会儿，病人就奇怪地问："你是谁呀？"院长说："我是一只蘑菇呀。"病人点点头，继续做他的蘑菇。过了一会儿，院长站起来，在房间里走来走去，病人就问他："你不是蘑菇么？咱们蘑菇是不能走来走去的！"院长说："谁说蘑菇不能走路？我们是新品种！"说完继续走来走去。病人看看院长，又看看自己，觉得院长的话有道理，便迟疑地站起来，试着走来走去。院长见他上钩，接着又拿出一碗米饭吃起来，病人又奇怪地问："咦，蘑菇怎么可以吃东西？"院长理直气壮地回答："我们是新品种，当然可以吃东西呀！"病人觉得很对，于是也开始吃东西……没多久，这个病人就能像正常人一样生活了，虽然在心里他还觉得自己是一只蘑菇。

讲完故事后，专家意味深长地说："这些年，我们（中国新能源产业）在非洲发展得很好，甚至比欧美国家还要好，但说实话，我们的投资力度其实没有他们大。为什么呢？靠的就是我们中国人的人格魅力。'和谐世界'绝不是一句简单的口号。讲个小例子——抽烟——我们中国人在非洲，与黑兄弟们一起工作、交往时，也像在国内一样，抽烟时，总是先掏出一根烟，友好地递给身边的人，然后给别人点上。欧美人却不这样，尤其是美国人，他们往往开着车，车门都不开，便从车窗里扔出一整条的万宝路，大吼一声'黑鬼，抽去吧'，然后一踩油门，扬长而去，烟还没抽，'土炮'先抽上了……"

这说明了什么呢？这说明让我们都成为"和光同尘"的圣人虽不现实，但我们至少应该懂得尊重别人。哪怕对方真的比我们差很多、低很多，也不能采取居高临下的姿态。要时刻记得，无我方能成就自我。任何刻意彰显的动作，在旁人看来都是刺眼的。真正的高人，完全不需要自我标榜。只有滥竽充数的人，才会动不动把自己吹得像个气球，看起来很饱满，实际上只能骗骗小孩。

第 14 章　不动不伤

1．白银白骨

话说明朝初年，明太祖朱元璋听说山西五台山碧山寺有个叫金碧峰的方丈，禅功非常厉害，入定时能达到无欲无念、无色无相的境界，别说凡人看不见，就是神鬼也找不到他的魂魄！朱元璋就想封金碧峰做国师，于是派使者携带圣旨及重礼前往，哪知金碧峰早就看破了功名，只礼貌性地接受了一个紫金钵，其余一概谢绝。可是，由于这个金钵太精美，修为深厚、定力非凡的金碧峰居然也对它起了爱慕之心。

转眼到了万历年间，时年二百来岁的金碧峰阳寿将尽，阎王便派黑白无常前来索命，但金碧峰正在入定，任他们东寻西找，就是找不到金碧峰的魂魄！

黑白无常想来想去，就去找“土地”帮忙，“土地”无奈地说：“我看你们是白来了，金碧峰入定时，上仙都都找不到他的踪迹，我这个仙界末流又怎么帮得上你们？”

黑白无常没法回去交差，于是苦苦哀求“土地”为他们出个主意。“土地”想想说：“有了，金碧峰什么都不爱，就爱他的紫金钵。如果你们想办法找到他的紫金钵，轻轻敲上一敲，他自然会出定。”

黑白无常欢天喜地的东找西找，终于找到了紫金钵，轻轻地敲了一下。紫金钵一响，果然，金碧峰出定了！他说：“是谁在碰我的紫金钵?”

黑白无常说：“你的紫金钵很快就要属于别人了——你的阳寿尽了，现在请到阎王那儿报到。”金碧峰心想，自己修行一生，还是不能了脱生死，都是这个紫金钵害的！想到这儿，他就骗黑白无常说：“我想请一刻钟的假，把寺里的事处理一下，完事后我立即跟你们走。”

黑白无常说：“好吧！念你修行不易，就多给你一刻钟。”

突然，金碧峰把紫金钵抓在手上，往地上一摔，登时粉碎。然后他双腿一盘，又入定去了。这一回，黑白无常找来找去，只找到了一首题在墙上的诗偈：

若要抓我金碧峰，除非铁链锁虚空；

若能锁得虚空住，再来抓我金碧峰。

这个故事，叫做“金钵动念”，是一个很有名的禅宗故事，南怀瑾等大家都曾讲过，只是版本略有出入。但中心思想是不变的，它强调的都是欲望的可怕，同时也可见学佛有多难。

按照佛家的说法，凡人在婆娑世界哪怕只是贪恋一株小草，都超脱不了轮回之苦。好在我们不是专业的修行者，只是学禅，学顿悟，所以大可略过宗教、信仰等大词，只看它对我们凡夫俗子的积极意义。

禅语有云：“人在荆中，不动不刺。心在红尘，不动不伤。”大意是说，世路多险峻，红尘多烦扰，世人就好比身处荆棘林中，处处潜藏着危险或诱惑。只有不动心，不妄想，心如止水，才能有效地规避风险，抵制诱惑。否则就会痛苦缠身。

人有可能全然不动心吗？不可能。所以禅家只强调不要动妄心。妄心，就是不该动的心。

这个世界，最容易让普通人动心的东西，恐怕非金钱莫属。在今天，是人民币；在古代，则是银子。有人认为是金子，其实金子在古代中国始终只是被上层社会用来制造奢侈品，或被用来制造佛像及法器等，寻常百姓跟金子的距离无限遥远。即便是银子，对普通百姓也很遥远。一般百姓日常使用的货币大多是铜钱。直到清朝中后期，墨西哥的银矿大规模开发，大量白银及铸币技术流入中国，普通人才开始在生活中少量使用银元。因此，人们尤其是穷人们，看到大锭银子时的心情就可想而知了。

禅宗丛林中还流传着一个相关的小故事：一个暴富起来的农民去请教一位禅师，为什么自己有钱以后很多邻居不喜欢他了？禅师把他带到窗前，问："向外看，你看到了什么？"农民说："看到外面有很多人。"禅师又带他走到一面镜子前，问："现在你又看到了什么？"农民答："我看到了我自己。"禅师笑了笑，说："窗子和镜子都是玻璃做的，区别只在于镜子多了一层薄薄的银子，便叫你只看自己而看不到别人。"

生活往往也是这样，很多时候，缺乏定力的人会被闪耀的银子晃花眼，只知考虑自己，完全不考虑他人。同样的，由于这个世界上真正有境界的人并没有几个，他这样考虑自己的时候，别人同时也在这样考虑，甚至比他更自私，于是很难不引起一场纷争。类似的纷争，最终双方达成和解的例子，不是没有，但更多的时候，我们看到的却是无法逆转的悲剧。很多影视题材也一再地警醒世人，爱钱不要紧，但不要起贪心，有些钱能拿，有些钱千万不要拿。否则，白花花的银子后面，往往是白骨森森。利益的后面，往往就是利刃。

利如此，名也一样。对某些人来说，它甚至是个比利更难跨越的门槛。因为谁都知道，基本上一个人有名了，也就有利了，尤其是当今社会。所以，我们总是会看到网上有些人在不遗余力地保持自己的红火程度，甚至不惜以各种花边新闻吸引公众的眼球。可是不少勤勤恳恳者却怎么也不红，连观众都会为他喊冤。当然，自己在角落里喊冤、诉苦甚至骂街的人也不少。其实，这都是看不透的表现。娱乐圈也好，财富圈也罢，那都不过是个圈，千万别被它圈住。即使里面风光无限好，也还是要时不时地跳出圈外，冷静地问问自己：是不是也被它后面那层银子晃花眼了？需要加倍小心的是粉丝们迷离的眼神。其实，他们欣赏的不是你，而是内心那个浮躁的自己。不太风光的人也不必难过，你已经足够幸运了。即使你一点也不幸运，也应该把心思用在正事上，尽量改变自己的糟糕现状。禅语有云："风动幡动，仁者心动。"事间的一切事物和现象，都是我们的"心"投射出来的。不要执着于外界的现象，否则就会迷失在这个物欲横流的世界。东西丢失了可以再寻，心迷失了该往何处寻找呢？

2. 黄金黄叶

"黄金黄叶"的典故出自《法华经》，大意是说，有一次，佛祖告诉弟子们，不要执着于自己的佛法，并打比方说，我给你们说的法，就好比一个小孩子在那里哭，我为了使他不哭，就顺手拣了一片黄叶哄他："小朋友，别哭了，这个好玩儿，这是黄金！"只要能把小孩子哄住，管它原来是树叶也好，鸡毛也好，只要他不哭就好了。

这个典故的本意是提醒修行的人，佛讲的佛法，都是指黄叶为黄金，为止儿啼而已！切不可执着于佛的法，否则就学不到真谛。不过，这个典故本身或许更值得现代人思考，即：为什么小孩子一听黄金就不哭了呢？还不都是大人从小教的。

马克思说：金银天然不是货币，但货币天然是金银。由于金银具有存量稀少、质地均匀、体积小、价值大、便于分割、易于携带等天然特性，最适合用作一般等价物，所以被先民们自然而然地用作了充当货币的材料。换言之，金银本是人类生产的商品之一，如果人类有可能找到足够多的金矿银矿，或者找到其他替代品，那它就会失去附着其上的货币价值。现代人用的纸币更是如此。如果忽略其面值，所有的纸币无非一张废纸，也像一片树叶，本身并不很重要，但人一出生它就遮在眼前。如果不能把它从眼前拿开，那么一辈子看世界都会很别扭。

对修行者来说，更是如此。连财富关都过不了，根本就谈不到修行。前面我们讲过"金钵动念"的传说，下面来看一个真实的故事：

唐代的沩山灵佑禅师，是禅宗"五家七宗"之一的沩仰宗的初祖。他在开山立派前，曾长期在沩山一带弘场禅法，当地人都愿意供养、亲近他。后来连当朝宰相裴休都有所耳闻。裴休也是个好佛之人，而且对佛法有着深厚造诣，甚至一度把自己高中状元的儿子裴文德送入寺院中，接受再教育，免得他少年骄狂。但有一点，裴休比较自负，年轻时就曾诘问得很多所谓的高僧无言以对。如今听说沩山出了个高僧，裴休便想去试上一试。

到了沩山灵佑的修行处，裴休大吃一惊，禅师居然连个寺院也没有，只有一所依山搭建的简陋茅棚，也没有床，只有一个蒲团……养尊处优惯了的裴休根本无心在茅棚里跟禅师切磋佛法，简单说了两句，就告辞而去。临行前，他心想：禅师连个庙也没有，不如我布施些，供养他盖个庙吧！于是命随从拿出三百两银子。禅师听在耳里，既不接受，也不拒绝。把银子放在哪里呢？这里连个桌子都没有。裴休见茅棚中有一堆草，就命随从把银子放在草堆中而去。

三年后，裴休又有时间了，料想禅师的庙宇大概也建好了，于是再次登山。但到了那里，发现还是茅棚一间。裴休心想："我给他钱，他不造庙，还是一副贫苦相，不知他把钱用到哪里去了？"于是便问："禅师！我给你的造庙的银子，你放在什么地方了啊？"

禅师头也不抬，说："你从前放在什么地方，就到什么地方去找。"

裴休走到草堆边，一看三百两银子居然原封不动，还放在那里！装休又想，"真是懒得要命，给他钱他也不会用。为什么愈修愈愚痴呢？"

禅师看透了他的心思，淡淡地说："你既然以为我不会用钱，还是拿回去做别的事好了，我根本不想造有形相的庙。"

裴休听在耳里，当下折服，回去后就广为宣传，这下，反倒由不得沩山禅师不造有形相的庙了，因为天下的学僧、士子们都争着去向他求教，一拨接着一拨，络绎不绝。这么多人，总得有个住的地方吧，这下，裴休的银子派上了用场，当地的百姓也自发地捐钱捐物，建起了一座同庆寺，一直延续至民国年间。

民间有句歇后语，叫出家人不爱财——多多益善。意思是说，即使是不贪图身外之物的出家人，也不介意多一点钱财。说白了，还是认为人性都是贪婪的，没有人不爱钱。应该说这话有一定的道理，不过我们也必须讲讲它的另一番道理，那就是在站在真正的出家人的立场上，有时候还真是虽不爱财，但多多益善。这并不难理解，不爱财的出家人，有了钱，可以用来弘扬佛法，可以用来做善事，事实上，我们在以往国内遭遇洪灾时往往能在第一时间看到这样的新闻：某某庙宇的僧人们不眠不休，蒸馒头给灾民吃，甚至冒着生命危险，把馒头送到抗洪第一线。做好事，也要用钱，没有钱，往往有心无力。出家人具有大慈悲心，想多帮助众生，所以希望财钱越多越好，也是可以理解的。我不知道，媒体上披露的那些利用出家人身份骗财、敛财的报道，是不是真的？无论是出家人，还是俗人，我想都应该对钱财这一问题反省一下。

“黄金黄叶”的典故还可以给我们另一方面的启示，即我们不仅要学会把钱财看淡，还要学会把注意力转移到其他方面。荒地上只有种上庄稼，才能杜绝杂草蔓延；人心中只有有了更高境界的追求，才不会被财富所魅惑、所主宰。

无论是先哲也好，当代人也好，总是会说，做人，要有一颗“赤子之心”。那么什么是赤子之心呢，具体到我们本节而言，“赤子之心”就是没有“黄金”，拿着“黄叶”也快乐的人。或者说，“赤子之心”就是一颗尽量快乐，不以物质的得失、多寡为转移的心。说具体点，当今世界，人们的生活水平、经济实力尽管较以前有大幅度提高，但对于大多数人来说，别说离理想太远，就是离世界平均水平，也还是有明显差距。对普通人来说，获得更大的突破，实现财富自由，也往往可望不可即，心有余而力不足。对此，我们必须理性看待，与此同时，我们也应明白：没有钱，不能再赔上快乐；没有物质，不能再赔上精神；切不可因为没钱在娑婆世界“啼哭”。人要学会自己哄自己，生活中的快乐“黄叶”多的是，要学会自己去寻找，不能总指望佛祖。

第15章 舍·割·放

1．“舍得”与“割舍”

舍得，是个中国人大都知道的概念。简单来说，就是为人处世大方、不吝惜。但一般人理解，它不等同于慷慨，更不是不计回报的慷慨。顾名思义，“舍得”是有舍才有得，舍在前，得在后。舍与得之间，存在着必然的逻辑关系。不少人推崇它，是因为看到了后面的“得”。如果没有“得”，要不要“舍”，很难说。“舍得”只是一种智慧，远不像人们想象的那么拔高。

“舍得”一词，最早见于《了凡四训》，而《了凡四训》的源头则是佛法，所以，“舍得”这个词的渊源多半也来自佛教中的“割舍”思想。在佛经中，“割舍”也叫“断爱”，它与舍得，虽然只有一字之差，但境界却差得太远。佛经中甚至说，“断爱近涅槃”，几乎等同于修行的最高境界，怎可一概而论？

在佛经中，佛祖释迦牟尼在讲到“割舍”时，曾经给弟子们打过一个比方：“比如现在有一个人，在旅行时遇到了大洪水，所处的河岸边充满了危机，但彼岸非常安全，他想渡河，附近却无船可桥，他便采集草木枝叶，扎了一个简单的木筏，顺利登上了彼岸。上岸后，他想：“这个筏子真是太有用了，这么丢了太可惜了，我不如背着它上路，以后再渡河就不用着急了……这个人的行为显得非常愚蠢，因为他不能割舍。”

“那么应该如何处置呢?”有弟子问。

佛祖说：“正确的做法是把筏子拖到沙滩上，或者停泊在一个水流平静和缓的地方，然后继续行程。因为筏子是用来渡河的，不是用来背负的。世人呀！你们应该明白好的东西尚应舍弃，何况是不好的东西呢?”

当代著名禅师星云大师也曾讲过一个类似的故事：

在海边，渔人们正在捕鱼，有一只小鸟瞅准时机，叼走了一条鱼。旁边一棵树上落满了乌鸦，乌鸦见小鸟叼着鱼，便聒噪着赶上去，追逐小鸟。由于乌鸦比小鸟体形大，而且成群追逐，因此小鸟不论往哪飞，都无处可逃，也没有停下来把鱼吞进肚里的机会。但它又不甘心，于是飞啊飞，最后体力不支，鱼从嘴里掉了下去。乌鸦见了，立即置小鸟于不顾，冲着下落的鱼儿追去。小鸟如释重负，一边喘气一边想：我叼着这条鱼，除了恐惧、烦恼，什么也没得到；没了这条鱼，反倒身心安顿，没有忧愁，早知如此，就早点丢掉那条鱼算了。

看完这个故事，有些读者可能会想，这个小鸟真是可怜，虽说得到了安顿，但晚餐在哪里呢？这种追问不无道理，不过我们不妨反过来想想，如果那只小鸟不丢掉鱼，结果可能只有一个，就是被乌鸦追上杀死，或者被乌鸦困住累死，而鱼自然还是会被乌鸦夺去。两相比较，及早放弃不失为明智。

人世间的事情也往往如此，不管你有理没理，时局不利于你，需要你割舍，你就应该割舍，否则苦苦支撑到最后，或许会被割舍得更多，或许连割舍的机会都不再有。

古今中外历史上有太多这样的例子，这里只举一例：

明朝末代皇帝崇祯的岳父大人周奎，爱财如命。李自成逼进北京时，崇祯有心抵抗，但国库空虚，无能为力。与此同时，他深知朝中大臣一个也不空虚。于是，便号召大家捐款。可动员了半天，只有内阁首辅魏藻德拿出了一百两银子，其余人则表示正在“筹措”。崇祯哪里等得及，这时太监王承恩（就是后来陪他上吊的那个）出主意说，不如找人带头示范，并提醒说国丈周奎就是最好的人选。国丈捐了，他们再不捐，您就算抄他们的家也师出有名。崇祯表示同意。但周奎不同意，转而向自己的女儿求救。要说这周娘娘倒真是个深明大义的人，她也没有指望自己的老爹能铁公鸡拔毛，而是拿出自己的私房钱，甚至还找宫女们借了些，凑了一万两，派太监悄悄送到周奎那儿，交待他像捐自己的钱那样捐出去，做个表率就行。谁知这个周奎见了别人的银子也心疼，经过一番激烈的内心交战，他最终扣下了七千两，只捐了三千两……后来，北京陷落，周奎及全家都被刘宗敏捉拿，在妻子、媳妇被迫自缢、长子被打死、自己和次子、侄子被严刑拷打几乎丧命之后，不得不交出七十万两巨款和全部家产。

对周奎这种人来说，割点钱、割点东西，往往就跟割他的肉似的。但最后，不仅割了钱，还遭受了更残酷的命运宰割，可见该割舍的总要割舍，只不过是由谁动手而已。

当然，仅仅做到在该舍财时绝不舍命，还不是真正意义上的“割舍”。我们不是常说“识时务者为俊杰”吗？“识时务”与“割舍”是有着很多区别的，最主要的一点，就是前者虽然也完成了事实上的

“交割”，但心里往往放不开，甚至恨得咬牙切齿，而后者则是说不管如何，既然已经交割，那就不必纠结。因为纠结只会起到坏的作用，一点好作用没有。

前者我们说过，我们可以没钱，但不能没有好心情，否则我们就真的一无所有了。同理，我们都已经赔钱了，割舍了，切不可再赔上心情。

这是不是就是“割舍”的全部内涵呢？当然不是。否则就谈不上“断爱近涅槃”了。“割舍”，首重一个“割”字；“断爱”，首重一个“断”字。结合起来说，我们要善于与过去的种种，不管好的坏的，都划清界线，一刀两断，用佛家的话说叫“昨日种种昨日死，今日种种今日生”，确保今天是充满希望的，确保不让过去影响今天与将来。如此，每天都似重生，也即涅槃。

这样的道理，适用于生活，也适用于修行。修行是什么？很多人都觉得这是个大词。其实不然。修行，简单来说就是修养。修养从哪里来？从不断地学习别人好的地方，也从不断地改正自己不好的方面来。“割舍”正是改正错误的最高标准。说简单点，就是像割掉身体的毒瘤一样，赶紧把那些坏习气、坏习性割掉，然后扔得越远越好。

2. 没有什么放不下

与“舍得”一样，“放下”这个词，近些年也流行了起来。“放下”同样源自佛学，佛经中有一个相关的典故：

佛祖住世时，有个叫黑指的婆罗门，经过刻苦修炼，练就了神通，但还没觉悟。有一天，他奋起神力，拔起两棵花树，一手持一棵，去参见佛祖。刚见面，佛祖就明白了他的来意。于是说：“放下吧！”

黑指听了，立即放下左手的花树。佛祖又说：“放下吧！”黑指又放下右手的花树。谁知佛祖还说：“放下吧！”黑指不明白了：“我已经两手空空，你怎么还让我放下？”佛祖说：“我从一开始就没有让你放下手中之物，我是让你放下心中的执着。也就是放下你的外六尘、内六根、中六识。当你把这些统统放下，你将从生死桎梏中解脱。”

佛家认为，色、声、香、味、触、法为“外六尘”，眼、耳、鼻、舌、身、意为“内六根”，眼识、耳识、鼻识、舌识、身识、意识为“中六识”。此三者是人们产生意识活动（也即欲望）的所有途径。如能全然放下，便可解脱。

坦率地说，佛家的境界，一般人难以企及，也未必值得效仿。我们只需思考：差不多的两个人，有的人为什么活得轻松？有些人又为什么活得沉重？很简单，前者是拿得起，放得下。后者是拿得起，却放不下。

佛语有云：有求皆苦，放下同样令人痛苦，尤其是在我们付出了巨大的努力之后。但人生在世，很多事情由不得我们做主，“长痛不如短痛”，现在不放，将来被逼无奈还得放。至少在时间成本上，这已经凭空多出了一笔无法挽回的损失。

放下不等同于放弃。前者是一种超脱的境界，后者还没跳出世俗的得失计较。

曾经有人问过古希腊大哲学家苏格拉底：“你为什么总是心情这么好？”苏格拉底告诉他：“我心情好，是因为我没有一件失去了它就会令我感到遗憾的东西。”在普通人看来，这个回答太冷血了，因为对正常人来说，失去钱财、地位等，或许还勉强可以做到了无遗憾，可如果失去的是生命、亲人、爱人、理想等，能没有遗憾吗？其实我们没必要抠字眼。包括苏格拉底在内的很多先哲的表达都带有文学性，他的本意无非是劝人们学会看淡、看开、看破。他的冷血背后其实是巨大的温情，尤其是对那些沉溺于伤痛中不能自拔的人来说。对于这类哲理，不能较真，就好比我们不能用皮尺去丈量“飞流直下三千尺”的庐山瀑布，也不能用经纬仪去校定“大漠孤烟直”的道理一样。

进一步说，遇到类似的事情，不管你用什么办法，何种言辞，只要能让人豁然开朗，不再寻仇觅恨怨东风，就是好办法。下面的禅宗小故事就很有借鉴意义：

有个禅师在河边救了一个投水的少妇，少妇好不容易止住哭声，向禅师诉苦说：“你不知道我有多命苦，刚刚结婚三年，老公就死了，我一个人带着孩子，没几年，孩子也病死了……”禅师静静地听她说完，问道：“你在遇到你老公之前是怎样生活的呢？”少妇说：“那时候，就是我一个人，无忧无虑，快快乐乐……”“那你现在不也是一个人吗？那时候你一个人能快乐，现在也能。”禅师说。少妇咂摸着禅师的话，似乎明白了什么。

所谓站着说话不腰疼，大概说的就是故事中的禅师这种人。另外，我们是不是可以这样认为：高僧之所以能成为高僧，就在于他们出了家，至少在一定程度上断绝了这种亲情、爱情之痛？这个问题我们可以不回答，仅供思考。但还是那句话，不论黑猫白猫，解决问题就是好猫。禅宗讲究法无定法，很多禅师都有自己鲜明的特点，面对不同受众时，还往往因地制宜、因材施教，这一点，需要我们放下心中的成见，去接受、认可和学习。

我们再来看一个更有意义的小故事：

有个痛苦的年轻人去某寺找一位老禅师倾诉心事。

年轻人说："我放不下一些事，放不下一些人。"

禅师说："这个世界上没有什么东西是放不下的。"

年轻人说："我也想放下，可是有些人和事我偏偏放不下。"

"让我来帮帮你，"禅师拿来一个茶杯，让年轻人双手端着，然后他提起一壶沸水，往茶杯里倒水，一直倒到水满杯溢，直接流到了年轻人的手上！

年轻人被烫得手一抖，当啷一声，茶杯掉在了地上。

禅师说："看到了吧，这个世界上没有什么事是放不下的——痛了，你自然就会放下。"

痛了，自然就会放下！痛了，仍不放下，只会更痛苦！到最后承受不住痛苦时，还是要放下。所以，很多事情，我们应该及早放下，不要等到痛了再放手。

那么，人们又为何总是不放下、放不下呢？其实，大家所缺的仅仅是一种豁达的心态和勇气，多的却是对放下的恐惧和不甘。其实放下并不等于失去，适时放下，才能适时提起。人只有一颗心，一双手，握不住宇宙，也扭转不了乾坤。人只能在顺应时势的基础上，一边做加法，一边做减法。在追求成功的同时放下功利，在担当责任的同时放下压力，在广结朋友的同时放下宿怨。不为本就“命若悬丝”的人生人为增重、加压，尽量走得更轻盈些。西方人说：“天使之所以能飞翔，因为他们有着轻盈的人生态度。”即使做不了上帝，何不把自己当成天使？

忘了是哪位哲人说过：“有两种选择是一种痛苦，有多种选择则是一种折磨。”好比说穿衣服，很多女性经常会为穿哪件衣服上街头疼，她们头疼的并不是没有衣服，而是因为衣服太多，多到了不知穿哪件不穿哪件。人生也是这样。当一件事情让你头疼的时候，往往并不是这件事情有多难办，而是因为你不懂得选择，不愿意放下。所以说，当你觉得难以抉择时，放下往往就是最好的选择。

第 16 章　天人之战

1. 自律与他律

唐代的道林禅师是个异僧，他既不像普通僧众那样住在寺庙里，也不在懒残和尚等人一样隐居在山洞里，而是在杭州附近山中一株大松树上搭了个鸟窝似的“棚子”，因此时人都称他为“鸟窠禅师”。

大文豪白居易任职杭州太守时，有一次前往拜访鸟窠禅师，见他端坐在窠边，就说：“禅师住在树上，太危险了！”

禅师却说：“太守！你的处境岂不是更危险！”

白居易不以为然，说：“我是当朝要员，有什么危险呢？”

禅师说：“薪火相交，纵性不停，怎么能说不危险呢？”意思是说官场浮沉，勾心斗角，危险就在眼前。

白居易似有所领，于是转了个话题，又问：“请问禅师，什么是佛法大意呢？”

禅师说：“诸恶莫作，诸善奉行！”

白居易本以为禅师会开示自己深奥的佛理，没想到是如此平常的话，感到很失望，说："这是三岁小孩儿都知道的道理啊！"

禅师说："三岁小孩虽然都知道，但八十老翁却未必做得到。"

许多事人人明白，却不动手。比如垃圾在地，人人生厌，却无人捡拾扔进果皮箱。比如公共汽车上，白发苍苍的老人站立一旁，肯让座的仍然是极少数有素质的人。

道理都很简单，只是说来容易做来难，世上眼高手低的人太多，世上会找理由的人更多。

人人都知道应该做个好人，但做一个好人真难！

谁都知道"吸烟有害健康"，然而广大烟民还不是"宁舍一顿饭，不舍一袋烟"？最具讽刺意味的是，有一次本人居然为了写一篇有关戒烟的文章，抽了两包红塔山！

谁都知道酒大伤身，酒多误事。因为喝酒了把事情办砸了的人到处都是。我的一位老乡就曾说过一段颇有感触的话：我寻思吧，这人还不如一个酒瓶——酒放在瓶里，瓶老老实实；酒放在人肚子里，人就不老实了！

谁都知道骂人不好，但包括小学生在内的很多人每天都在骂着各类国骂。在有些地方，一定程度上的骂人居然成了亲密的表现。咄咄怪事！

谁都知道贪污不对，奸淫无耻，但网上几乎每周都会有一两上贪官、色官落马，难道说他们没有法律意识吗？

难道说，不知道自己做的一些事情不对吗？

都知道，只是做不到，管不住自己。

管不住自己，主要是管不住自己的心。这并不是普通人才会遇到的问题，包括唐代玄奘法师在内的高僧有时候也管不住自己的心。

玄奘法师就是《西游记》中那个家喻户晓的唐僧，他于唐朝贞观年间，不顾国家禁令，独自西行，经西域诸国进入印度，游学各邦国，17年后满载而归，长安城道俗奔迎，倾都罢市，唐太宗也亲自接见他，不仅不计较他当初犯禁出国，还劝其还俗出仕。玄奘婉言谢绝，此后一心译经，共计1335卷，为佛学和中国文化作出了巨大贡献。后来，明代文学家吴承恩根据他的事迹，创作了《西游记》。在《西游记》里，代表玄奘法师原型的唐僧，看似胆小怕事，除了执着、慈悲之外，一无是处，风头被三个徒弟抢得一干二净。然而依禅宗的思维方式来看，《西游记》还是一个人的旅行，孙悟空的桀骜不驯，猪八戒的奸懒馋滑，沙和尚的愚痴我慢，都只是包括玄奘法师在内的所有人都有的人性的弱点；各路妖魔，暗喻西行途中的各种艰难、困苦与磨难、打击；那些香艳的妖与人，则代表诱惑；师徒四人与各路妖、人的每一场戏，都只是玄奘法师一个人内心天人交战的艺术化写照。所以，在《西游记》中，作者给孙悟空起了很多名字，其中就有一个叫"心猿"，这个名字出现了不下十数次，白龙马则称"意马"，这两位组合起来，就是"心猿意马"，上过学的人都知道这是什么意思。

禅宗史上还有一个类似的公案：

北宋的汾阳善昭禅师，人称"无德禅师"，有个弟子叫元持，修行多年，却始终没有更深的体悟。这天，他找到老师，说："师父，请您慈悲开示我，是不是我有些必修课程没修，所以才会用功多年，一无所悟？"

无德禅师说："你不找我我也要找你了。你要看管好自己的两只鹫、两只鹿、两只鹰，约束好口中的一条虫，同时还要不断地斗一只熊，看护好一个病人。如果能做到这些，相信对你有很大的帮助。"

元持想了半天，也想不明白，自己哪有什么鹫、鹿、鹰、虫，只好继续请教："师父，我孑然一身来此，并不曾带什么动物……何况，我问的是参学的必修课程，与您说的那些动物有什么关系？"

无德禅师含笑解释道："两只鹫，就是你的双眼，你要警戒它们，非礼勿视；两只鹿，是你的双脚，你要把持住它们，非礼勿行；两只鹰，是你的双手，你要像熬鹰一样，让它们经常工作，非礼勿动。口中的一条虫，是你的舌头，你要紧紧约束它，非礼勿言。一只熊，是你的心，你要克制它的杂念、妄想，非礼勿思。一个病人，就是你的身体，希望你不要让它陷于罪恶。对于修行，这些实在是不可缺少的必修课程。"

什么叫修行？简单来说就是在努力追求的同时约束自己。我想，无德禅师已经把话说得非常明白了：你这个元持，修行多年，却没什么收获，不是路子不对，也不是不够努力，而是你不能在努力精进的同时，约束好自己的思维与言行。连自己的身心都控制不住，还谈什么觉悟？觉悟了又能怎样？只会贻害世人。

这位元持后来怎样了呢？至少笔者除了这个公案外，没有找到与他有关的更多内容，看来最终还是没能把握住自己，枉费时光。

对普通人来说，上述所言，其实用一个词就可以概括，那就是"自律"。对于自律，先哲老子曾经把它提到非常高的高度来谈，称"胜人者有力，自胜者强。"前不久，俄罗斯总理梅德韦杰夫访问中国时，曾经引用它，解释为"战胜别人的人很强，但是战胜自己的人更强"。的确，克服自己、征服自己，最为困难，因为战胜自己，一时、一事或许不难，但若无论是小事还是大事，时时处处都做到严格自律，就太难了。

然而，我们不能因为自律难就不去自律。康德说得好，人不自律，那就得劳烦"他律"。"他律"就是纪律和法律。有的人，看似能逃脱

"他律"，甚至能凌驾于"他律"之上，但别忘了，"他律"之外，还有天谴。"他律"和天谴，看似离普通人很远，一些需要自律的小事，看似无足轻重，但历史经验告诉我们，世上没有天生的恶人，希特勒最初甚至连"无良少年"都算不上。超级恶魔们都是因为在少年时缺乏自律的精神，才会在以后没有"他律"制衡的情况下，信马由缰，葬送自己不说，还往往把一大群人乃至整个社会带进深渊。自律，怎可小视？

2. 把自己拉回来

唐代的石砚慧藏禅师，是马祖道一禅师的弟子，相传他原本是个猎户，最讨厌见到出家人，因为出家人一见面就会让他放下屠刀，立地成佛。

有一天，石砚慧藏在追赶一头受伤的麋鹿时，马祖道一半路杀出，将他拦在道中。他本来就讨厌和尚，马祖又干扰了他打猎，于是他抡起胳膊就想动粗。

马祖问："你这个猎人，可会射箭吗？"

石砚答："当然会！我不仅会射箭，而且一箭一个，百发百中。"

马祖却摇摇头说："我看你还是不懂得射箭。"

"你说我不会射箭，难道你这出家人还会箭术不成？"石砚反唇相讥。

马祖："我自然懂得！"

石砚："那你一箭能射几只？"

马祖："我一箭能射一群！"

石砚听了，嗔怪地说："出家人讲慈悲，彼此都是生命，何必要一箭射它一群？我虽以杀生为业，但杀取有道，从不杀幼兽和怀孕的母兽……"

马祖眼睛一亮，趁机说道："你既然知道彼此都是生命，为什么还要射杀它们？你为什么不回转箭锋射自己呢？"

石砚不解："射自己？"

马祖开释他说："是的，射自己！你被欲望困扰，心中积满尘垢，因而贪残嗜血，人性消失，剩下的只有兽性。你要做的，就是射死自己心中的兽性，做一个顶天立地的慈悲大丈夫！"

石砚闻言大悟，当下扔掉弓箭，跪在马祖面前，做了禅师的弟子。

有一天，石砚正在厨房里做事，马祖进来了，问他："你在这里做什么？"

石砚说："我在牧牛。"

马祖又问："怎么个牧法？"

石巩说："当它走入草地里时，我立即把它拉回来。"

马祖嘉许道："你是真的懂得牧牛之道了。"

上面两个小故事中，射箭之道与牧牛之道，说的其实是一回事，即怎么约束自己。不过之所以把这两个故事放在一起，还在于它们之间有一种内在的相辅相承的关系。如马祖所言，被欲望困扰的人，心中只有兽性，所以要学会箭射自身，射死自己心中的兽性。但也不能一概而论，有些兽，比如牛，虽有兽性，但也是人类的好朋友。杀了它，谁替人们耕田？最合适的办法是驯化它，约束它，不使它踏上草地；一旦它生出杂念，被草所诱惑，就赶紧把它拉回来。具体到修行人，那就是说，要管好自己的心，一旦心生妄念，或者说已经铸成些许小错，要及时悔改，把自己拉回到正道上来。

说到这里，不妨提个小问题：当马祖问石巩在做什么时，石矾为什么要回答“牧牛”，而不是“牧羊”、“牧马”等等呢？其实，这并不是石矾信手拈来、随口一说，而是其来有自的。

首先，在很多佛教典籍中，牛都被用来比喻众生的佛性，如《法华经》中有羊车、鹿车、牛车之喻。关于这三种车，我们可以简单地把它们解释为，佛祖用来救度众生脱离苦海的交通工具，但是前两种车只能自度，只有牛车才能既度己、又度人。其次我们知道，佛教是从印度传来，今天的印度各宗教中，对牛非常尊敬，视牛为神圣不可侵犯的动物。在大街上，牛可以随便游荡，随便吃集市上的东西。再次，在中国禅宗史上，还流传下来了一组重要的图画，叫《十牛图》，也就是十幅与牛且主要是牧牛的连环画，普遍的解释认为，这就是将禅宗倡导的悟道直观简化为十个阶段，关于这十个具体阶段，我们不必详述，我们只需懂得，先哲之所以以放牧为背景，阐释修行，就在于两者有着共通之处，其中最重要的一点就是我们前面所说过的，修行者，一定要管住自己，就像牧童管住自己的牛一样，不使其乱蹿乱跑。同时，这组图画也从而面暗示人们，在修行过程中，尤其是在修行的初级阶段，牛，也就是人心，被杂草，也就是各种诱惑所扰，在所难免，关键的是要及时约束自己。

其实，这个阶段也正是禅宗所说的“戒定慧”修行三阶段中的“戒”的阶段，即遵守戒律，去除杂念，控制自己。只有在此基础上，才能进入接下的“定”与“慧”阶段。至于“定”与“慧”究竟是什么，我们在后面的章节中再细谈。

前者我们曾经歪解过《西游记》，说那本质上仍是一个人的旅行，孙悟空、猪八戒、沙和尚等，都只是唐僧的心理活动，有负面，也有正面。按照这一思路，我们不妨来解读一下《西游记》中的一个著名妖怪：牛魔王。

用一些学者的话说，牛魔王这个妖怪是“不同凡妖”，它是《西游记》中少数没对唐僧肉起过兴趣的妖怪，而且在 500 年前，它还是孙悟空的结拜大哥。它能当大哥，靠的不仅仅是岁数大，而是武功及法力，这在“正义力量”收伏它时就表现得非常明显。按《西游记》中的描写，为捉拿牛魔王，仙佛两界共出动了五路大军。第一路：取经队伍，孙悟空、猪八戒二人的猴猪组合；第二路：原在兜率宫当值，后被贬下凡的土地所率领的阴兵；第三路：金头揭谛、六甲六丁、一十八位护教伽蓝；第四路：四大金刚率领十万佛兵，于四面八方布下天罗地网，让老牛上天无路、入地无门；第五路：托塔李天王并哪吒三太子领率的天兵天将。此外，还命过往虚空一切神众都留步帮打。面对五路神佛的围斗群殴，牛魔王现出本相，也即一头千余丈长、八百丈高的大白牛，拼命血战，但终因体力耗竭，被照妖镜困住，做了俘虏，皈依佛门，最后成了正果。

另有学者在别篇文章中指出，《西游记》中的妖怪大多是有后台的，没错，这牛魔王就是其一。那么，它的后台是谁呢？其实就是如来。确切地说，它就是如来的那颗心。之所以这么说，一方面在于佛经中常以大白牛比喻修行上的最高境界。谁是佛教中修行境界最高的呢？自然是如来佛。谁是西游记中的 NO. 1 呢？还是如来。另外，我们前面讲过的禅宗连环画《十牛图》，十幅图的内容也是一个渐进地由大黑牛变成大白牛的过程。当然，变成大白牛并不是最高境界，真正的境界是“人牛俱忘”，即《十牛图》中最后那幅图，既没有牛，也没有牧童，只有一个大圆圈。结合这些，可以说，大白牛其实是佛祖心生杂念、境界下滑的产物。“派出佛兵”一事则是辅助线索。整个《西游记》中，只有这么一回。这并不是说牛魔王特别厉害，不派出十万佛兵不行，而是暗示，这牛魔王是佛祖的心，只有佛祖能收回它。这与《西游记》中其他一些天尊、菩萨的坐骑、童子偷偷下凡作乱，最后又被本人收回，是一个道理，只是比较隐讳而已。

由此，我们可以得出这样一个结论，那就是包括佛祖在内，也有管不住自己的心的时候，我们凡人有些违规逾矩，实属正常。当然，更重要的是，我们也要在自己的心里设下十万佛兵，只要自己的心一乱，就立即去讨伐它，降伏它，切莫让它扰乱了自己的修行。

第 17 章　俯仰无愧

1. 听之、任之、忍之

去年冬，在某地铁站等地铁时，地铁电视上正在播放一条娱乐消息，说的是某热火朝天的电视剧的主演兼主创及编剧，为了该剧到底谁是主创爆发了口水战，其中主演一方暗骂对方为“疯狗”，编剧一方亦予以回应，大概如下：“事实摆在面前，不需我再多说。对于其人种种恶劣疯狂行径，我且一笑置之！由他、随他、任他，再过几年，且看他！”当时我的一个土豪老乡也在身边，听完后，他说：“真是编剧，骂人的话都能编得这么有水平！”

其实我那位土豪老乡未必知道，这段有水平话的或许并非该编剧的原创。这并不是表现我的博学，而是类似的一段话在历史上实在大大有名。

唐代历史上，有两位异僧，一个名叫寒山，一个名叫拾得，相传他们分别是文殊菩萨和普贤菩萨的化身。有一天，寒山问拾得：“如果世间有人无端诽谤我、欺负我、侮辱我、耻笑我、轻视我、鄙贱我、厌恶我、欺骗我，我要怎么做才好呢?”拾得回答说：“你不妨忍着他、谦让他、任由他、避开他、耐烦他、尊敬他、不要理会他，再过几年，你且看他。”

拾得的回答，概括起来就是一个“忍”字。但它又不同于一般人印象中的那个“忍”字，因为在普通人那里，“忍”不是为了“风平浪静”，就是为了“不乱大谋”，虽然也称得上是面对人我是非的高明之道，但境界上还差了些。道理很简单：如果忍了之后，并不能“风平浪静”，还是要“乱大谋”，你还要不要忍呢?

那么，什么才算上有境界的“忍”呢?我们来看一个案例：

民国时，当代高僧广钦禅师为了修行，曾走出寺院，在山洞中独自住了 13 年。后来，虽然回到了寺院，但他坚持不住禅房，而是主动要求守大殿。因为大殿不能安床铺，每天晚上只能在大雄宝殿打坐。

由于大家都知道广钦在山洞中过了 13 年，因此也就习以为常了。但过了不久，一天早上，方丈突然召集大家说，昨天晚上大雄宝殿的功德箱被盗了！功德箱，也就是善男善女捐钱的箱子。由于过去没人值守大殿，功德箱也从未被盗过，所以大家自然而然地怀疑到了广钦的头上。即便他没偷，他整夜在那里打座，也应该知道，也有责任。于是大家都对他有了看法，后来包括在寺里挂单的僧人、居士都很鄙视他。

广钦却从未申明一句类似“我没有偷，也没有看到别人偷”的话，好像这件事根本与他无关一样。别人背地里骂他、指责他，他权当听不见，若无其事。有时不小心听到别人的闲言碎语，还故意绕着走。这样过了一个星期，方丈又召集大家宣布说：“其实根本就没有功德箱被盗这回事，我之所以这么说，是为了考验一下广钦住在山洞中 13 年，到底有没有功夫。现在证明，他真有功夫！”

遇到类似情况，你会不会忍呢？大多数人不会。因为这可是关乎自己的声誉的事情，更要紧的是，自己根本就没有偷，为什么要默认呢？然而人世间的事情往往不以我们的主观愿意为转移，你没有偷，大家偏偏就认定是你偷了，解释也没用。如果有用的话，大家一开始就不会怀疑你了。相反，我们都知道一句话，叫“越描越黑”，历史上，生活中，这样的例子数不胜数。它带给我们的经验教训就是，当你一时之间无法改变别人的看法时，当你处在越描越黑的危险境地时，姑且忍之，时间会证明你的清白。

有没有时间不能证明的清白呢？应该说是有的。世界上总是有些人比较倒霉，有嘴说不清，有心证明，却根本无从寻觅证据。有时候，他们还往往像广钦禅师当年的遭遇一样，根本就是有心人有意为之。遇到这类事情，不管对方是出于好意，还是恶意，既然你拿不出有效的证据，那唯一的办法就是忍。古人说，君子坦荡荡，小人常戚戚，为人处世，只要能做到上对天，下对地，中间对自己，都无愧于心就好。至于别人说什么，怎么看，既不必强求，也不必反应过激，否则可能会进一步“坐实”你在别人心目中的形象：这小子，心虚了吧！反过来，你若表现得淡定自然，对方或许会质疑自己：我是不是冤枉好人了？

苏东坡的遭遇就是最好的说明。苏东坡一生最凶险的遭遇莫过于“乌台诗案”。初时，被捕下狱的苏东坡也有些惊魂不定，因为他不知道小人们给自己罗织了什么罪名，会判多大的罪。但仔细一回想自己的人生经历，也就淡定了。因为他知道，自己平生只做过两件小“坏事”。一次是任凤祥通判时，因与上官不和，未出席秋季官方仪典，被罚红铜八斤。另一次是在杭州任内，因小吏挪用公款，未报呈，也被罚红铜八斤。此外，再无其他亏心事。因此他想，自己反正就这两件小事，而且都已经罚过了，让他们使劲地判，也罪不致死。至于欲加之罪，担心也没用，不如生死由命。于是他把大牢当旅馆，该吃就吃，该睡就睡，每晚呼噜打得山响。这种态度给他带来了好运。一天，打不定主意的宋神宗派人到监狱去暗探苏东坡，当来人回报说苏东坡吃了就睡、睡下就打呼噜时，宋神宗说："我说苏轼没做亏心事，你们就是不信。"于是网开一面，把他贬到黄州了事。

普通人也难免有类似的遭际，只是多半事情较小，到不了危及身家性命的程度。不过，事情再小，总是恼人的。更恼人的是，真正的坏蛋往往躲在坏处偷笑。世俗中人也往往被他们利用，以一时一事甚至子虚乌有的事情来衡量一个人的品行，风言风语，聒噪不休。可这就是真实的世界。既然不被理解，那就不必理解吧。身正不怕影子斜，行藏不昧鬼神钦。只要目标是善良的，高尚的，只要内心是问心无愧的，只要真理在自己这边，世俗的毁誉就由它去吧，别人的口舌就由它去吧，掌控好自己的生活，听之、任之、忍之，在此基础上做好自己的事情。

2. 向世俗弯腰

接着聊苏东坡。

有一次，苏东坡读佛经时，读到“赵州和尚迎赵王”的故事，心血来潮，就想去试试自己的好友佛印禅师，于是他写信给佛印，自己要去拜访他，并嘱咐佛印一定要像赵州迎赵王一样，躺在禅床上迎接自己。可佛印偏偏不听他的安排。还没到寺里，苏东坡就远远地看到佛印领着弟子们在寺外迎接自己。苏东坡便走上前去，说：“大和尚，你的道行可不如赵州禅师洒脱啊，我叫你不要来接，你却免不了俗套。”佛印哈哈一笑，随口作了一首偈子：“赵州当日少谦光，不出山门迎赵王。怎似金山无量相，大千世界一禅床。”苏东坡一听，心知自己又落了下风，当下悻悻然打道回府。

要理解这个故事，我们必须补述一下“赵州迎赵王”的公案：

赵州也就是我们前面讲过的“斩猫戴履”中的南泉禅师的得意弟子赵州从谂，不过那时他还不叫“赵州从谂”，事实上，他在离开南泉山以后至八十岁以前，始终都处在行脚中，足迹遍及天下，所以后世禅僧有诗云：“赵州八十犹行脚。”直到八十以后，他才在赵州城的东观音院常住。由于他的名气太大，人们就称其为“赵州和尚”。名气大的人总是不缺仰慕者的，除了僧人及普通学禅的人，包括赵州城的赵王也经常去拜访他。那么赵州禅师是怎么接待赵王的呢？典籍上说，有一次，赵王去拜访赵州，赵州却躺在禅床上一动不动，说自己老迈，无力下床接待。而赵王，非但不见怪，反而对赵州更加尊重。可是第二天，赵王派了一位部下送礼品给赵州，并不直接进寺，而是候在门口，令人通报。赵州当时也在休息，听到后却马上下床，率众弟子到寺外相迎。赵王的部下走后，弟子们很不理解，问："前天赵王本人来时，您连床也不下；今天赵王的部下来了，您反而下床到门外相迎，这是什么道理?"赵州禅师解释道："你们有所不知，我的待客之道分上中下三等。第一等即上等人来时，我在床上用本来面目接待他；第二等即中等人来时，我下床到客厅里礼貌地接待他；第三等人来时，我用世俗的应酬到前门去迎接他。"

这个故事对我们的启示就是：真正有素质的人，是不会在乎一些小事情的。可是，"阎王好过，小鬼难搪"，大人物身边的小人物，最是喜欢无中生有，因此面对他们，以及与他们相类似的经尘中的大把俗人，越是要以礼待之。说白了，就是你即使是出家人，也要向世俗弯腰，不然，世俗就会让你好看。这是人生常识，也不失为一种生活禅。

那么，佛印禅师那首诗偈又是什么意思呢？苏东坡又为什么悻悻然打道回府了呢？原因在于他特意嘱咐佛印禅师按照"赵州迎赵王"的方式欢迎自己，目的在于借此试探佛印的禅功，而且这道考题有点类似于哲学中的"二难悖论"：即你若是躺在禅床上效仿赵州和尚迎接我，并不能代表你把我当成了上等人，相反那只能证明你是个效仿古人的笨蛋，没有自己的应变之道，而且显得很没礼貌，连普通人都不如；但你若是到寺外迎接我，也不代表你懂礼貌，因为赵州当年说过，只有下等人他才到寺外迎接。当然，你在客厅里接待我也不妥，因为那表示你把我当成了中等人，而佛家讲究众生平等，你把我当成哪等人，都是没有修为的表现。

但这根本难不住佛印，他在诗偈中巧妙反击道：赵州当年不起床接见赵王，那不是境界高，而是不谦虚。我比赵王谦虚，所以来门外迎你。但这并不代表我把你当成了下等人，我是金山无量佛，我看似是出门来迎接你，但我并没有起床，因为大千世界都是我的禅床，而你苏东坡所知道的只是肉眼所见的有形的床。至于我到底是在按下等人的待客之道迎接你，还是在按上等人的待客之道迎接你，你自己对号入座吧！

这就是禅了，境由心生，物为我定。只要够机敏，谈笑间即可反败为胜。当然，参禅的对象必须是像苏东坡一样的高人，参禅者之间最好是像苏东坡与佛印一样的好朋友，否则还是按照赵州迎接将军那样，按步就班地施以世俗人的待客之道为妙。

苏东坡以及历史上的很多正人君子的人生都很坎坷，原因就在于他们不懂得或者说是不屑于这些，“宁可站着死，也不跪着生”。你不能不敬佩他们，但也必须认识到，他们这种性格，这种精神，既是人性的优点，同时也是必须克服的人性优点，尤其是具体到普通人的生活中——不需要死磕的时候，何必跟世俗过不去呢？

据说，印度孟买有一座著名的佛学院，它之所以著名，除了因为它有着悠久的历史和培养了许多著名的学者之外，还有一个其他佛学院所没有的小细节，那就是学院在它的正门一侧，开了一道小门，这个小门只有 1.5 米高、0.4 米宽，一个成年人若想进去的话必须弯下腰，不然只能碰壁。而这个学院给学生们上的第一堂课，恰恰就是在老师的带领下从这个小门中弯腰进出一次，其初衷无非是为了让学生们懂得：一个人只有学会弯腰，学会暂时放下尊贵和体面，才能够出入。否则，你只能被挡在门外。

生活何尝不是如此？很多时候，我们所纠结、所郁闷、所苦楚的事情，不就是一道道的小门吗？如果我们懂得弯一下腰，不就顺利地过去了嘛！倘若你始终挺直不屈的脊梁，又怪得谁来？

很多人不愿意弯腰，无非是认为，弯腰是一种屈辱，是软弱，其实未必。有时候，弯腰是一种艺术，一种风度，一种人生哲学。弓不弯腰，箭射不出去；水不弯腰，无法波澜壮阔地前行；人不弯腰，就要碰壁、碰头；屈原不弯腰，只能以死明志；韩信能忍胯下之辱，遂有后来的封坛拜帅；陶渊明不为五斗米折腰，但仍需向土地弯腰，向南山弯腰……就连成熟的谷子都懂得弯腰。一个成熟的人，自然也要懂得适时弯腰。

当然，这并不是说所有的弯腰都可取。看看那些树木，松柏也好、杨柳也罢，其随风而弯的永远是枝条，而不是主干，更不是根。我们的弯腰也要有个底限。动不动就弯下小蛮腰，那不是英雄，而是奴才。

第 18 章　戒　满

1．“人满为患”

日本明治时期，出了个叫南隐的禅僧，他禅法高妙，名满天下，人们都以能与他探讨学问为荣。可偏偏有一位大学教授，自认为自己对禅的领悟已经到了很高深的境地，从骨子里瞧不起南隐。

这天，这个教授再也按捺不住自己的心情，不辞劳苦，专门找到南隐，意欲一较高下。当然，为了显示自己也是个有修为之人，教授见到南隐后并不明说，只说是来向南隐问禅。南隐早已听说过此君，但远来是客，所以非但不说破，还以茶相待。

南隐亲手泡了一壶茶，取出杯子，很认真地向杯子里斟茶，不一会儿，杯子里的茶就满了，可南隐还没有停手的意思。转眼间，茶水就从杯中溢出来，流到了桌案上。大学教授不禁叫道：“老禅师，茶已经满了，不要再倒了。”

南隐一抬头，像是刚刚发现似的，把茶壶放下，然后指着那斟得满满的杯子，语重心长地说："你就像这个杯子一样，里面装满了你自己的观点、想法。如果你不把自己的杯子先倒空，叫我如何对你说禅呢?"大学教授顿时羞红了脸。

这个故事强调的"空杯心"。我们的头脑，正如茶杯，倘若充满成见，或定势思维，就如同已经倒满了茶水，别人的道理再高明，也是无法注入的。这就是人们常说的"自满"心理。

空杯心，也叫归零心，不仅是高妙的禅理，也是人生的至理名言。心太满，什么东西都装不进去。不归零，便无法进行下一步运作。现实生活有很多类似的情况，比如我们经常用到的计算器，做完一定的运算步骤，必须归零，否则就会一直累加或累减下去，结果自然不会是我们最初想要的。

"满招损，谦受益。"成书于三千年前的《尚书》中就有这样的告诫。被近人奉为处世圭臬的《菜根谭》中，亦有"心不可不虚，虚则义理来居；心不可不实，实则物欲不入"的警示语。西方人也说，做人，心灵要高贵如上帝，行动则要低微如乞丐，只有将自信与谦虚辩证而又统一地结合，才能把握住一切有助于我们人生幸福与成功的机会。这正是哲人所说的——谦虚使人进步。

中国禅宗亦不乏类似的例子：

有人请教唐代的兴善惟宽禅师："什么是道?"

禅师说："就在你前面。"

"那我为什么看不见呢?"

"因为你有一个我，挡在自己面前。"

这里的"我"，主要是指自我意识。人不可能没有自我意识，但自我意识不可过强，否则这个"我"就会挡在他和周遭的人与事之间，使他难以前进。生活中，人们常说，没有过不去的坎，的确，这个坎，往往不是世路的坎坷，而是自己的心坎。如果你觉得有些坎过不去，有些人不合作，先推倒身前那个“我”。

古希腊大哲学家苏格拉底也说过：“认识你自己。”这里的“自己”，放在禅宗，就是“真我”，是需要认识、也最值得认识的自己。但我们得先推开挡在身前的自我意识，才能看到“真我”。

寻常人最难过的，就是“我”字关。用佛家的专业术语讲，这叫“我慢心”，简单来说就是高傲自大，轻慢他人。在崇尚自我、个性张扬的今天，世人的“我慢心”尤其强烈。其实，人不可无傲骨，但绝不可有傲心。相对于世界，相对于宇宙，乃至相对于一些野生动物，人类的力量都显得那么的渺小。是什么让我们成为万物之灵的呢？是学习精神和合作精神。很多人倒不乏学习精神，但学习得有个学习的态度。你表现得比老师还牛，老师会教你吗？即使教你，首先也是教你学会谦虚。

禅宗有言：“花开无言，叶落无声，风过无影，水逝无痕。”意思是说，有境界的人都深沉如花朵，即使绽放，也是静静地绽放，从不炫耀、张扬。哲人亦说：你炫耀什么，你就缺什么。炫富的，说明内心贫穷；秀恩爱的，说明感情还停留在表面上；趾高气扬的，恰恰说明内心的自卑；四处招摇的，只能暴露其无知与肤浅。

谦虚使人进步，骄傲使人落后——但不仅仅如此。

斗满人概，人满天概——这是《管子》中的名句。意思是说，古人用斗装粮食时，如果太满了，冒尖了，就会用一种叫做“概”的工具，把多余的那部分“概”（刮）下去，否则的话，不是买的、借的吃亏，就是卖的、还的吃亏。具体到人类社会上，也是如此。一个人如果太满的话，老天就会很生气，就会用他那“看不见的手”把他“概”平。

这种现象并不鲜见。俗话说，天有不测风云。很多人，昨天还沉浸在莫大的幸福中呢，今天没准儿便有巨大的痛苦降临。所以，相对于幸福、美满，真正睿智的人们，反倒更推崇平淡、平安。让自己的人生之斗持平，让老天不忍心“概”，也无须“概”。

当然，这只是一种表面的理解，也是一厢情愿的理解。社会上有很多人，他们的斗从来就不曾满过，甚至掉了底了，但无论是老天，还是老天故意视而不见的那些坏蛋，还是要一如既往地“概”他们，甚至连他们的“斗”都抢走。

天若有情天亦老。应该明白，老天不会总打磕睡。人不能做得太过分，否则不仅人会怨，天也会怒。而天一怒，就往往不是把他“概”平那么便宜了。

斗满了，人也就容易满；人满了，什么烂事都做得出来。古往今来，现实中，小说中，很多恶事，大多是那些斗满人也满的人做出来的。当然，相对来说，“斗满”其实无可厚非，只要懂得取之于民、用之于民，懂得回馈社会，越满越好；怕只怕人满，不然怎么有个词叫“人满为患”呢？

2. 圆满即缺陷

佛教名山中，大多有些镇寺之宝。与中国天台山国清寺一脉相承的日本园城寺中，也供奉着一件镇寺之宝，而且那件珍宝的名字也叫“园城寺”。它究竟是一件什么样的珍宝呢？说起来让人大跌眼镜，它只是一个竹子制成的插花用的花瓶，而且还是个漏水的竹花瓶。那么，它为什么会被人们奉为珍宝呢?

这还要从它的诞生讲起。

距今 500 多年前，日本出了个杀人不眨眼的大军阀，叫丰臣秀吉，他通过一系列的战争，结束了日本历史上的战国时代，权倾朝野。丰臣秀吉非常热衷茶道，日本茶道鼻祖千利休，基本上等同于他的御用茶匠。

有一次，千利休随军出征，经过一片竹林，发现那里的竹子材质很好，便截取竹子，做了三个插花用的竹花瓶。返回京都后，千利休把其中一个竹花瓶作为礼物送给了儿子少庵。少庵一看，这个竹花瓶身上有一条裂痕，不由想起了日本名刹园城寺中的镇寺之宝——钓钟——那个钓钟曾经摔过，摔出了一道裂痕，于是少庵就为这个竹花瓶取名为“园城寺”，并用利刃刻在了花瓶壁上。

后来，少庵死了，“园城寺”传到了他的儿子宗旦手中。有一回，宗旦在客厅中招待客人，客人见插着鲜花的“园城寺”滴滴答答地漏水，弄湿了地上的竹席，就好心提醒宗旦。

宗旦却平静地说：“漏，才是它的灵魂与生命之所在。”

再后来，这个竹花瓶几度易手，每次转手，价格都更胜从前，成了一件价值不菲的艺术珍品。最后，又被信徒高价拍得，“请”进了园城寺中。

一个有裂痕的竹花瓶，为什么会成为人们追捧的名器呢？正如宗旦所说——它具备了灵魂与生命，也就是漏。再说透彻点，它就像我们的人生，从一出生就有着这样的那样的裂痕：有人丑些、有人矮些、有人家境贫困些……不仅不圆满，也不可能圆满。此外，我们的人生也正如一个滴漏，时间漏完了，人生也就结束了。“滴滴答答”的现象，只能出现在活人身上，是莫大的幸福。

世人无不希望功德圆满，然而，季羡林老先生说过："不完满才是人生。"包括旧社会的皇帝老爷子也是如此：他们君临天下，"率土之滨，莫非王土"，可以为所欲为，杀人灭族，小事一桩。按理说，他们不应该有什么不如意的事。然而，实际上，王位继承，宫廷斗争，比民间残酷万倍。他们威仪俨然地坐在宝座上，如坐针毡。虽然捏造了"龙御上宾"这种神话，他们自己也并不相信。他们想方设法以求得长生不老，最怕"一旦魂断，宫车晚出"。连英主如汉武帝、唐太宗之辈也不能"免俗"。汉武帝造承露金盘，妄想饮仙露以长生；唐太宗服印度婆罗门的灵药，期望借此以不死。结果，事与愿违，仍然是"龙御上宾"，呜呼哀哉了……

车尔尼雪夫斯基也说过："既然太阳上也有黑点，人世间的事情就更不可能没有缺陷。"任何人、任何物都不可能完满。即使有圆满，也是暂时的，而缺憾却是常态。

但缺憾并不一定就是缺憾。很多时候，缺憾也是一种美，只是很少有人具备欣赏美的眼光和心情。谁怀疑过断臂维纳斯的美丽，谁想弥补这种缺憾的美？

还记得上学时学过鲁迅先生一篇文章，文中提到："古人看见月缺花残，黯然泪下。"古人为什么看见"月缺花残"便黯然泪下呢？很简单，喜欢完美，却不懂得什么是完美。

什么是完美呢？以月亮为例，有圆有缺，就是完美。若总是像个圆盘挂在空中，岂不是很单调？"大漠沙如雪，燕山月似钩"、"可怜九月初三夜，露似真珠月似弓"，不是也挺美的吗？

象征着完美的花朵也是如此。它不可能总是不凋落，除非那是塑料花。正是因为好花不常开，才更需要人们把握有限的光阴抓紧时间去欣赏它的美。

有个词叫作“完美无缺”，人间哪有完美无缺的呢？真有了完美无缺，反倒会缺更多。比如一个家庭，东西越多，越显得什么都不缺，只缺空间；而一座园林，太过规整，景点太多，什么都有，便会显得拥挤，反倒突不出其中核心的景致。若能把家中暂时用不着的一些东西送去库房，若能将拥挤的园林去掉一些凑数的景致，留一条曲径通幽的小道，方显得精致，有韵味。

然而正如鲁迅先生所说，中国人大抵患有一种“十景病”，至少是“八景病”。此病沉重起来的时候大概在清朝。点心有十样锦，菜有十碗，音乐有十番，阎罗有十殿，药有十全大补，猜拳有全福手福手全，连人的劣迹或罪状，宣布起来也大抵是十条，彷佛犯了九条的时候总不肯歇手……”鲁迅进一步分析指出，“十景病”的实质就是自欺症，是用拼凑起来的所谓“圆满”来自我陶醉、自我满足。而这种人造的完美一旦在现实中被证明不像想象中那么管用，人们便陷入悲观绝望：呵，我做了一场梦啊，生活是残缺不全的啊，没有圆满可言啊！

其实人生不是没有圆满，只是没有永远的圆满，更没有放之天下而皆准的圆满。太阳好不好？但在非洲，人们一点儿也不喜欢它。月亮美不美？可对于一个饿着肚子的人来说，它还不如一个烧饼来的实惠。

以辩证的眼光看，圆满就是缺憾，缺憾即是圆满。以一年四季为例，圆满不是一年四季春常在，而是春有春的萌发，夏有夏的绚烂，秋有秋的静美，冬有冬的萧杀。古人所说的：“春有百花秋有月，夏有凉风冬有雪。若无闲事挂心头，便是人间好时节。”什么是闲事？希求圆满就是最大的闲事。

一切都在循环中。花开花必落，月盈月必缺。太阳刚到正午的那一刻，已经开始偏西，这是自然规律。温庭筠有诗云：“月缺花残莫怆然，花须终发月须圆。”而我们需要做的，就是在下一次花开、下一个月圆到来前保持淡定。

古人说，人有悲欢离合，月有阴晴圆缺，此事古难全。现代人则说，我渴望圆满，但不拒绝缺憾。我们说，当一件做到百分之八九十，它便可以称得上圆满了。即使真有百分之百的圆满，又有多大的必要呢？生活不是造宇宙飞船，差一毫米就无法与幸福对接，为了那没有意义的百分之几付出太多的精力，到头来至多能营造一种“伪圆满”。

第 19 章　减法人生

1. 为学日增，为道日损

为学日增，为道日损——这是《道德经》中的名句。对于前半句，我们很容易理解，为学日增，就是说做学问，是一个每天增加知识、天天向上的过程，而且知道得越多越好，这是没有疑义的。但对于后半句，争议就大了。

首先就在于“为道日损”中的“道”字有太多的内涵。众所周知，“道”是中国文化尤其是中国哲学的内核。在道家那里，修行的最高境界叫“得道成仙”；在佛家那里，也不叫“得佛高僧”，而是叫“得道高僧”。这里的“道”做何解释？本书的书名叫《顿悟》，悟的是什么？还是“道”。这个“道”又作何解释？在世俗社会，“道”也经常被人们挂在嘴边上，比如，“为人处世之道”，“夫妻之道”，“治国之道”，这里的“道”，又做何解释？

其次是“损”字。有一种解释认为，“为道日损”中的“损”，就是反省自己，不断检讨自己的毛病，改正自己的过错，去除自己的私欲和贪念，改掉自己身上的不良习气。也就是自我反省，自我改正。另一种解释则是说，“损”就是“少”，没有更多的延伸意义。所谓为道日损，就是说，修道的过程，恰恰与求知的过程相反，知道得越少越好。这解释跟上一种解释风马牛不相及。

争议是有的，但主流看法也是有的。普遍的解释取众家之长，即认为“道”就是人生的真谛。而寻找人生真谛的过程，是一个自减的过程。

自减，就是自己做减法的意思，是相对于自加而言的。我们知道，人生下来时，空空如也，白纸一张，所有的一切都是别人和自己加上去的，包括知识、财富、经验、体验，等等。这个过程是个成长的过程，用杨澜的话说，“人可能不成功，但不能不成长”，所以说，这个加法是必须得做的，这也正是老子为什么要把“为学日增，为道日损”两句话放到一起说的缘故。

但是人生从本质上说，却是个自减的过程。清代的顺治帝有一首禅诗说：“人生三万六千天，不及僧家半日闲。”可以说，人生就是一道减法题，从出生那天起，活一天就少一天。所以有人说，人生下来是排着队伍走向坟墓的。此话有点消极，但也很实际。人生就是如此，生老病死，谁也摆脱不了这个规律。

由于摆脱不了，人生就显得有些残酷。因为生命的本质是“日损”的，而我们的功名、财富、知识等却是随着时间“日增”的，至少理论上是“日增”的，结果增来减去，有一天，它们绝无意外地相交了，伴随着生命的归零，一切都将归零，什么也带不走，这就是生命的减法，残酷而真实。尤为残酷的是，那些带不走的东西，还往往是我们费尽心力、好不容易争取来的。这正如小沈阳在小品中所说：人生最大的悲哀，是人没了，而钱没花了。

古往今来，有那么多人，都选择了出家，做和尚，做道士，这是一个根本原因。但是出了家就能解脱、超脱吗？不能。出了家也成不了仙，做不了佛。出家，还是要参悟人生的真谛。悟不透，跟活在红尘社会上没什么两样，还是俗人一个。

那么人生的真谛到底是什么呢？网上、书上都没有标准答案，这里只能给出作者的一个思考。我认为，人生的真谛就是自然地活着。这并不是随口胡说，而是有其出处。老子说："人法地，地法天，天法道，道法自然。"这个逻辑是不是有点绕，你直接人说人应该效法自然不就得了嘛！那么"自然"又是什么呢？当然可以理解为我们常说的"顺其自然"的自然，不过也有学者提出了更进一步的解释，即认为"自然"是个合成词，"自"，是指"自在的本身"；"然"，是"当然如此"的意思。换言之，道就是自然，自然便是道，它根本不需要效法谁。具体到我们个人而言，那就是做回那个最初的自己，快快乐乐地活着。但由于我们并不是最初的自己了，所以就需要把后天习得那些困扰我们的知识、习惯、心计等，一点一点减去、忘掉，至少不是时时刻刻记在心里，即"为道日损"。

当然，老子之所以要说，"人法地，地法天，天法道，道法自然"，也不是故意绕弯的，这几个"法"之间存在内在的联系。说具体点就是，人首先要向大地学习，大地承载万物，是万物的衣食父母，但人回报给大地的，活着是大便、小便、脏水、垃圾，死了是一具臭皮囊，而大地却毫无怨言，一如既往地养育我们，养育我们的后代。或言，大地把我们当成了后代养育，就像父母养育自己的孩子一样，无微不至，且不求任何回报。做人，首先要有这种精神。有了这种精神，人就无限接近于伟大。除了效法大地，还要效法苍天，苍天给人的启示就是运行不息，事实上，大地也在一刻不停地运行不息，大地和宇宙只消一分一秒停下来，我们人类和其他生物都要完结。所以，古人说“天行健，君子以自强不息”，意思就是说，人要像天一样，自强、奋发，永远地前进，永远生机蓬勃。但是，天也好，地也好，宇宙也好，其运行都是有规律的，不能慢，也不能快，更不能超出自己的轨道，否则就会爆发大灾难。我们做人，就应该效法这种规律。具体地说，就是尽量做到日出而作，日落而息。不能该起床的时候赖在床上，也不能该休息时不知休息，否则就会打乱自己的生活规律。

如果再结合下面的小故事来理解，“为道日损”就更加浅显化了：

有个人问首山省念禅师：“树开花了没有?”禅师说：“开了很久了?”那人又问：“不知道有没有结果子?”禅师叹口气道：“昨晚忽然被一场霜冻了。”

禅师的意思其实是在说，人生在世，修行也好，生活也好，追求也好，都不能只想着结果，罔顾身边盛开的鲜花。鲜花本身就已经是一种很好的结果了，希求更好的结果，只会让人无心去欣赏既有的美，那么鲜花即使再漂亮，也等于是被冻死了。“为道日损”，要损的就是这种直奔结果不懂得享受过程的功利心，要损的就是那颗不懂顺其自然而上下求索的心，要损的就是那颗有了花朵还要果实的利欲熏心，要损的就是那颗原本可以很快乐却东想西想把自己搞得很沉重、很不安的心。

2. 智慧即愚痴

接着聊“道”。

它有没有一种接地气些的解释呢？有。

对普通人来说，“道”无非就是大智慧。对修行人来说，“道”也是一定程度上的大智慧。我们在前面讲过，佛家讲究“戒定慧”，其中戒是指戒律，定是指禅定，慧其实就是指智慧。佛家说，由戒生定，由定生慧，可见，慧是终极目标。戒也好，定也好，如果生不出慧，还是白忙活一场。

生活中，我们也经常听到一句话，叫“慧剑斩情丝”。其实，这里的“慧剑”，也是出自佛家。如果您见过“正宗”的文殊菩萨的塑像，那你一定会发现，菩萨的右手擎着一把宝剑。此外，很多佛像也拿着类似的剑。有人说，这是为了斩妖除魔的，其实不然。这个宝剑是代表智慧的，是用来斩断烦恼的。换言之，“慧剑”就是智慧。进一步思考，我们可以得出这样的结论：如果一个人能时时生出智慧，断绝一切烦恼，他也就得了道。虽不至于像菩萨一样，普度众生，但度一下自己，还是没有问题的。

但是，这里的智慧不能简单地等同于生活中的智慧。实际上，在近代以前，中国人也从不讲智慧。前者说过，中国人的文化内核是“道”。有智慧，不仅不等于有道，甚至智慧越大，离道越远。

那么，怎么界定“智慧”与“道”呢？我们不妨结合另一个词——聪明，来谈谈这三者之间的关系。

中国人，尤其普通老百姓是崇尚聪明的。中国人几乎也是世界上最聪明的民族。然而说到聪明，人们又往往在前面缀上一个“小”字——小聪明。所谓小聪明，其实就是不聪明。爱要小聪明的人，不过是些看重小利、见识短浅、打些擦边球的小人物。看重小利者，多半被小利所伤，更谈不上大利；见识短浅者，也往往搬石头砸自己的脚。所以人们又说，小聪明不如大智慧。

那么是不是说，不被小利所伤、不搬石头砸自己的脚的小聪明就是大智慧呢？也是，也不是。全看怎么定义大智慧。中国文化是一个博大精深的文化，很多词用在不同地方，就完全是不同的意思。大智慧也一样，如果你仅仅把它提升到“小聪明”的上一个档次，那它就还不是大智慧，而是一种大聪明。大聪明，不过是升级版的小聪明，还是不聪明。所以，有些人费尽心思，到头来还是不免聪明反被聪明误。所以，毋宁称这种所谓的大智慧为智慧。

真正的大智慧，其实就是我们所说的“道”，也可以说是佛家的“慧剑”。结合前面所述，我们可以给“道”下一个大致的定义，即道是一种恰到好处地大智慧。

“恰到好处”，其实是人世间最难的事情。“智慧”为什么要恰到好处呢？因为智慧是把双刃剑，在可控范围内，它可以劈荆斩棘，除魔卫道，但一旦失了准头，走向极端，智慧也会戕害自身。而且，智慧带来的危害往往比愚痴还严重。那些贪官，哪一个没有智慧也不可能坐上高位。那些高科技犯罪者，都是有着相当高的智慧的。但智慧最终害了他们，也害了大家。所以，站在一个无神论者的视角，我们可以说，佛家的“慧剑”也不单单是用来斩断烦恼的，它也是用来斩断那些有害无益的智慧的。

古人有句话，叫“慧生便是罪生时”，历史上不乏类似的例子，包括“智慧的化身”诸葛亮在内的三国智者们。每当他们的智慧涌现，不是正在打大仗，就是将要打大仗。不论谁胜谁败，哪怕是打成平手，死人也是免不了的。李白说过，须知兵器是凶器，圣人不得已而用之。诸葛亮本人在盘蛇谷活活烧死了孟获向乌戈国国王借来的数千藤甲兵后也说过：“南兵顽固，非火攻不能取胜，此计乃不得已而用之。如此酷战，烧杀生灵，亮心中不忍。我虽有功于社稷，然而必损阳寿！”当然你可以说很多战争是正义性的，但它们不也是那些非正义的一方发动的吗？发动非正义战争的侵略者最初不也往往认为自己是智慧的吗？

正如同很多“小人”并不认为自己是“小人”一样，很多坏人也往往不认自己是坏人。之所以如此，就在于很多人往往都是在不知不觉中被所谓的智慧所迷惑，最终打着智慧的幌子走上犯罪道路。

老子也说：“智慧出，有大伪。”六祖慧能则说：“烦恼即菩提，智慧即愚痴。”对此，南怀瑾解释为：修行是一个上山又下山的过程，开始你是上山的，然后你必须下山。开始你是努力的、有为的——你需要获取智慧，但到后来，你必须变成非努力的、无为的——你必须舍弃智慧，成为一个无智慧的人……不舍智慧即愚痴。成佛不是一个智慧的成就，相反，它是一个舍弃智慧的成就。”老子又说：宇宙的道理不过是一加一减，人生需要做加法，也要做减法。很多人，就因为一心做加法，不想做减法，且过于迷信自己的智慧，结果越活越累，日子越过越危险。

愚痴的人往往说别人愚痴——这是我总结出来的规律。几乎所有的愚痴和荒唐，都发生在当事人认为自己是智慧的，或者当事人以所谓的“智慧”为参照、为指导的前提下。

与此相对，人们说，大智若愚，这并不是要大家绝对的不要智慧，做个实打实的傻子，只是奉劝大家别过多地玩心计、要心眼儿，要以诚待人，坦荡追求。如此说来，智慧也未必一定就等于愚痴。智慧即愚痴，只是指那些走向了极端的智慧、失控的智慧。

如何保障智慧不失控呢？我们可以从文殊菩萨的塑像中得到些启示：菩萨手中的慧剑不仅连剑鞘都没有，而且时时刻刻高举过顶，为的就是时刻警惕，哪怕有一丝的妄念，马上手起剑落，斩断那些不良企图，重回人间正道。我们在生活中，尤其是在需要运用智慧时，一定要想想，我的智慧是符合大道的智慧吗？如果不是，赶紧挥起你的慧剑，毫不客气地砍下去。

第20章　卸　妆

1. 向孩子学习

据《五灯会元》记载，某地有个不知名的小庙，里面只有一个老禅师和一个童子。有一天，庙里忽然来了个行脚僧，老禅师非常热心地招待他，僧人很感动，非常想做点什么，报答一二。第二天，老禅师早早就出门了，行脚僧便与童子一起玩耍。过程中，他发现这个童子虽说也不太小了，但对于佛家乃至世俗的规矩一概不知，便耐心地教他各种礼仪常识。

天黑后，老禅师刚从外面回来，童子就依行脚僧所教，上前礼貌地嘘寒问暖。老禅师很吃惊，就问："是谁教你这么做的？"

童子说："就是那位远方来的高僧啊！"

老者于是把行脚僧叫来，训斥一番："阁下安的什么心？这童子在我身边好几年了，都不失赤子之心；你只来一天，就把他教坏了！你快快整装，赶紧离开！"

说完，不顾夜已深，路难行，将行脚僧赶出庙门。

在普通人看来，这个老禅师，不仅不近人情，还有点好心当作驴肝肺：人家好心教你的童子学知识，你不领悟也就罢了，怎么还赶别人走？其实，这只是俗家所见。在禅家看来，一颗赤子之心最最重要，修禅，从一定程度上说也就是“修理”掉红尘俗世中的种种应酬客套、繁文缛节、虚伪假装，重返童真时代。

人一生中，最可贵的就是那段童年时光。有些人，说起童年，总爱提到某些具体的事情，其实那时候的你，已经不在童年范畴之内了。即使你仍然处在童龄，但你已经早熟了。童年，就是一张白纸。人格及记忆，都如是。所以有人说：“我爱少女，因为少女的故事最短。但我更爱儿童，因为儿童还没有故事。”

耶稣说：“你们如果不回转，变成小孩子的样子，就一定不得进天国。”哲学家周国平则说：“向孩子学习。”

向孩子学习什么呢？我想主要有以下几点：

首先，要学会简单。不妨讲个小例子：两年前，儿子八岁，我苦苦支撑着一个小工作室，有一天，一个我自认为能给我带来很多潜在利益的“朋友”来访，我非常高兴，表示非得要留对方吃饭，但对方却不给面子，执意离去。他走后，我极端郁闷，连饭都不想做了。儿子说话了：我饿了……我吼他：一边去。儿子叫起来：你给别人做饭，别人还不吃呢！你为什么想着给别人做饭，不想给自家人做饭呢？问得我相当无语，相当惭愧。是啊，吃饭而已，为什么把它跟那么多的事情联系起来？尽管它们真的跟“吃饭”有关。

其次，要学会忘记。很多家长都抱怨自己的孩子“没记性”“屡教不改”“记吃不记打”，昨天学得滚瓜烂熟的知识，睡一晚上就全忘了；刚刚提醒过的事情，五分钟后又犯了……家长们总是为此头疼不已，其实我们前面说过，教育是一个长期的过程，孩子的成长需要时间，急不来。另外，家长们也往往想不通，怎么这孩子上一秒还哭得昏天黑地呢，下一秒就破涕为笑了？五分钟前还对父母恨恨不已，现在又和父母撒娇了呢？其实，这正是我们应该向孩子学习的地方。哲人说，人之所以会烦恼，是因为记性太好。没错，人生就像一场长途旅行，沿途风景，也有崎岖，虽说往事是一笔财富，但有些故事也会成为我们的负担，人生就会过于负重，前路势必难行。

再次，要保有一分纯真。与成人相比，孩子固然缺乏知识，缺乏阅历，但他们诚实、坦荡、率性，这是最为宝贵的心灵品质。应该说，每个人都程度不同地怀有童心，只是名缰利索和各种“角色意识”让我们习惯了紧绷着脸，故作正经，让我们不能随心所欲。久而久之，除了身心疲惫，还会变得越来越世故，越来越虚伪。明末大思想家李贽在《童心说》中写道：“夫童心者，真心也。若以童心为不可，是以真心为不可也……”意思是说，童心实质上是真心，如果认为人不该有童心，就是认为人不该有真心。童心其实是人在最初未受外界任何干扰时一颗毫无造作，绝对真诚的本心。如果失掉童心，便是失掉真心；失去真心，也就失去了做一个真人的资格。而人一旦不以真诚为本，就永远丧失了本来应该具备的完整的人格。

又次，要有点傻劲儿、疯劲儿。我有一个朋友，夫妻俩在农村走村串镇做生意，两个孩子从小被锻炼得自理能力超强。一个星期天，朋友出门前嘱咐10岁的女儿，在家照看好弟弟，做好作业，有时间就多烙几张饼。结果夫妻俩一回家，小姑娘一口气给父母端出了47张小饼！并说：原本准备多烙些，可惜炉子熄了……同样的事情发生在成年人身上，人们肯定会说他是“冒傻气儿”、“疯疯癫癫”，然而事实证明，世界上很多成功人士，年少时甚至成年后都或多或少地冒过“傻气儿”，有股子疯劲儿，甚至傻得、疯得超乎想象。

比如大音乐家莫扎特。作家余泽民在《没长大的莫扎特》一文中写道：“读莫扎特传记，有一个细节，让我笑喷了。1777 年 12 月 3 日，莫扎特给表妹写了封信，信的开头是这样的：‘亲爱的表妹，在我坐下写信之前，先去了趟茅房。现在，已经解决了。感到轻松无比！心里一块石头落了地，我又可以填满我的大脑了……如果你闹肚子，抬腿就往厕所跑，如果你憋不住，那就拉到裤裆里……代我向我们的朋友们致以比臭屁还要臭的问候。”

最后，也是最重要的一点，要保持赤子之心，也即良善之心，阳光之心。网上有这样一个小故事：在一档电视节目中，一个主持人问一个小女孩：“如果你开的飞机没油了，飞机上还有好多乘客，其中包括你的亲戚，但只有一个降落伞，你会给谁用?”小女孩想了想说：“我会安排好乘客，让他们安静下来，然后我就会用降落伞跳下去。”观众有的摇头，有的哄笑，笑小女孩幼稚和不懂事。小女孩急了：“我……我还会回来的，我……我只不过是去取点油！”

古人云：莫以小人之心度君子之腹。但现实中，大多数人可能都有过类似的经历：听说一个经理工作任劳任怨，以厂为家，但工资不高，10 人当中恐怕会有 9 个人认为此君有不正当收入，剩下一人则会认为这个经理是个傻瓜！能像上面故事中的小女孩那样想问题的，少之又少。有极少数那么小的，也不免被视作幼稚、天真、傻冒儿，等等。

不得不承认，社会有阴暗的一面，但我们的心理不能阴暗，不能戴着有色眼镜看人。非但不能阴暗，我们还要做阳光，做火种，照亮自己，也照亮他人、引导他人。我想，这大概正是著名小说家陀斯妥耶夫斯基所说的“和小孩在一起，可以拯救你的灵魂”的意思。

2. 真实最美

听过这样一个小故事：

某市车站旁有个卖豆腐花的老大爷，他每天早晨做好豆腐花后，第一碗豆腐花都是免费送给负责清扫这段马路的环卫工人吃，多年如一日。有个记者偶然得知了这件事，觉得这个老大爷堪称“最美大爷”，便带着摄制组专程去采访老大爷，希望弘扬这种美德。谁知道面对摄像机，老大爷却说：“说我是‘最美大爷’，我可不敢当。实话跟你说，我并不想白送豆腐花给他（环卫工）喝，只是我不给白喝，他就会在我摆摊时一遍一遍地扫马路，我摆在哪儿他就扫哪儿，扫得满天灰尘，我就没法做生意了……”

就把它当作故事吧，别较真。我们只需从中看出，我们生活中不是没有美，但也不乏一些包装出来的美，塑造出来的美，不真实的美，是对真正“美”的玷污，是对公众的欺骗。当然，这首先是对自己的欺骗。因为当类似的情况真的发生时，很少有人能够像那位故事中的大爷一样，敢于说出自己的真实想法。单凭这一点，这位大爷或许称不上“最美大爷”，但绝对称得上“最真实大爷”。

放过这位大爷，聊聊这个时代包装出来的“美人”们。中国人赞美一个人生得美，往往离不了白。在女子，是“欺霜赛雪”、“肤若凝脂”；在大老爷们，则是“白面书生”、“面如冠玉”、“面似银盆”，等等。在人格、社会位置方面，“白”也是正派、美德的代名词，如：白道中人、清白、洁白无瑕。

其实古人说得好，黄金无足色，白璧有微瑕。老百姓说得更直接，人都是有肚脐眼的。可从古至今，有些人却总是基于不可告人的秘密，处心积虑，无所不用其极，屏蔽自己的肚脐眼，只为证明自己不识人间烟火，也不是通过母亲的脐带来到这个人间的，是孙悟空一样的“天地造化”。遇到那些穿露脐装的小姑娘，还总要叽叽歪歪道：有伤风化！

我这么说，并不是给露脐装做广告。只是以它为引子，批评一下那些有误导倾向的广告及广告代言人。还从“白”说起吧。在化妆品行业，“美”“白”从来都是连在一起的。你经常可以听到这样的广告：白白嫩嫩，你值得拥有！别担心，我很快就能白回来！如你所知，我并不是个老封建，看不得女性朋友们化妆，我只是看不得有些人不化妆就不敢上街，或者顶着好几层“腻子”上街！用网友们的话说，不会化妆没关系，故意化成这样出来吓人就是你不对了！

爱美之心，人皆有之。作为一个纯爷们，我也喜欢在街上看看那些美貌与性感并存的美女，在没人的时候也会盯着电视上的女明星。作为一个文艺青年，我也能理解，艺术是需要牺牲的。但看看现在，艺术的底线在哪里？可以说，只要不露三点，那就是艺术。过去，我们称女性的身材为“曲线美”，可现在叫什么呢？答对了——事业线。女星们最喜欢穿哪种礼服呢？专业的词叫“低胸”和“深V”。

这不叫美。用钱钟书先生的话说，这叫开肉铺，是污染源。但人们总是反驳：你个老土，不懂审美！

抛开我懂不懂审美暂且不谈，先来看看禅者眼中的污染。

有人曾经就“污染”问一位叫洪谨的禅师：“像霜雪一样洁白，怎么样？”

禅师说："那就更污染了！"

"那什么才是不污染呢？"

禅师说："五颜六色。"

五颜六色，其实就是事物本来的颜色。当今世界，没有什么不能漂白的。但除了那些本质洁白的东西，所有的漂白背后，都是伤害，不仅本身是伤害，还会持续伤害。比如原本该是土黄色的粉丝、粉条、蘑菇，等等。

当然，具体到上面的故事而言，两个主人公实质上说的并不是白与污染，而是修行。

马祖道一禅师说过："道不用修，但莫污染。"这里说的，并不是从根本上不让人修，不然大家还研究个什么劲？而是说，道本天然，要修"无修之修"，切不可刻意。

刻意，就会污染。比如前面我们一直强调的美，追求美并没有错，但为了美不吃饭、动刀子、不修心，即便美，也是病态的美、表面的美、东施效颦的美、不能持久的美、玷污美的美。

举个实例：生活中，有不少人，出于对佛、禅之类的向往，或者其他原因，喜欢往手腕上戴上一串佛珠，或者在家请个佛像，又或者直接去寺庙烧香，捐钱捐物，等等，但这些本身看起来很好的事情并不能代表他们本质上就真的向佛，至少不能代表他们达到了相应的境界。你经常可以看见一些无良小青年，戴着佛珠手链爆粗口。在一些电影中，我们还往往看到一些干了十恶不赦的坏蛋，往往拜在佛像前，求其保佑……慢说这些与修行不沾边，即使是那些只是奔着福报的人去做那些"很有功德"的好事、善事的人，也与修行背道而驰。因为当人大脑里想着这些"功德"时，功德就已经成了一种符号。虽然事情本身是好事，但心里生起这种意识，却是对人的虔诚心的一种污染。

对普通人来说，这自然没什么，但对于“专业人士”，绝对是心魔。

在这一点上，道家的观点也是这样。道家的最高修行境界是什么？是“真人”。我们熟知的被道教奉为宗师的庄子、列子、关尹子等，都被门人和封建统治者封为真人。受道教影响，佛教典籍中也常把“阿罗汉”称为“真人”。真人，就是仙人，得道之人。时至今日，我们不必拘泥于这些纯宗教的观点，其实把它们解释得通俗点反倒更好：真人，就是说真话，做真事，待人真诚，懂得世界的真理，能以真性情处世的人。

我们再来看一个更贴近普通人的公案：

《景德传灯录》中有一个“该哭该笑”的故事：昙照禅师是个乐天派，平时他总是对门人说：“我真快活啊，我真快活啊。”但是他临终时却高声叫喊：“好痛苦啊，好痛苦啊……”一点儿不像得道高僧。一个弟子问：“老师，当初节度使把您扔到水中，您神色都不变。平日里您也总是对我们说自己很快活，怎么今天却叫起苦来了？”即将圆寂的昙照禅师举起枕头问他：“你说我是当时对呢？还是现在对？你说我是该哭呢？还是该笑呢？”说完不待弟子回答，禅师便圆寂了。

真情流露有什么不好？只要是人，就应该有人的正常感受和表达。高兴就笑，痛苦就喊，这是再正常不过的事情。明明很高兴还故意表现得很平静，明明很痛苦还强颜欢笑，那不是悟道，那是压抑。这世上有些人，总以为做人就应该一本正经，头发必须一丝不乱，必须无一丝一毫的“不良嗜好”，不仅严格要求自己，自以为美，还往往以自己的标准要求别人，结果往往引起别人的反感，他们自己的感受，也只有他们自己清楚。其实，完全没必要。我们要的是惬意的生活，而不是没多少实际意义的苦行僧的生活。

第 21 章 大道无形

1. 法无定法，贵在得法

据说——我本人没有亲见——北京著名的旅游景点雍和宫中，供奉着一尊“欢喜佛”。所谓欢喜佛，又叫双身佛，就是一种男女双佛面对面性交的佛像。很多人不明白了——佛家，不是首倡戒色戒淫吗？怎么还供奉这种不堪入目的东西？

其实，不是欢喜佛不堪入目，是因为观者心理不净。也有文化差异的问题。什么叫文化差异呢？举个简单的例子，在中国，除了小孩儿，都用筷子吃饭，如果有人用手抓饭抓菜，一般来说就是不正常；但在印度，用手吃饭才是传统习惯。如果有人没有任何原因用筷子吃饭，普通印度人也会感觉此人不正常。

源自印度的佛教也是如此。在向世界各国传播并发展的过程中，佛教主要分成了三大分支：汉传佛教、南传佛教和藏传佛教。欢喜佛，就是藏传佛教特有的佛像。关于它的由来，有很多种说法，但有一种说法最具说服力。据说古时候，有一段时期，西藏由于崇佛（禁欲）、战争等因素，人口锐减，于是一些喇嘛，就结合印度密教与西藏当地信仰，创造出了欢喜佛，旨在鼓励人们生育，尽早结束人丁稀少的现状。

这或许就是佛家“法无定法”之说的最好例证了。不过，最早提出“法无定法”之说且运用、发扬得最为神妙的，却是汉传佛教中的禅宗。而且，禅宗的“顿悟”法门，基本上可以说就是“法无定法”一词的另外一种说法。怎么“顿悟”？没有哪一本禅宗典籍能明确的告诉你，本书也是一样。但禅宗的高僧们，无论是自己悟道也好，还是教导弟子学人也好，各有各的体验，各有各的办法，向无一定之规，却各有各的奥妙。下面的例子则最具典型意义：

从前，某寺庙里有个青年僧人，因为耐不住青灯古佛的寂寞生活，就找到方丈，强烈要求还俗。方丈二话没说，当即表示同意。不过僧人下山不到一个月，就因耐不得尘世的口舌（主要是说他意志不坚等），又上得山来，诚恳请求方丈再收他入门墙。方丈还是二话没说，当即表示同意。然而不到一个月，僧人又因耐不住寂寞要求离去……如此三番，方丈就对他说，我看你干脆不必信佛，脱去袈裟；同时，你也不必认真去做俗人；半山腰上有个凉亭，恰好界于庙宇和尘世之间，你不如就在那里摆个茶摊，卖茶如何？僧人想想，觉得这主意真好。便开起了茶摊，而且还经营得有声有色。后来，他讨了个老婆，一起打理茶摊。由于他是个受过佛法熏陶的人，因此上山下山的善男信女都喜欢到他那照顾一下生意，时间长了，大家还发现他的禅功居然也不太差，愈加推崇。就这样，他下看尘世，上听佛音，过了十几年，居然成了远近有名的“大师”，甚至连当年的方丈都自愧不如！

星云大师也曾经举过一个例子：以往，寺庙里有些小和尚淘气，师父们往往罚他们不准做早课，而是去罚站等，但星云大师经过观察发现，大部分小和尚非但不难过，不改正，反而欢喜得很，因为对于小和尚来说，罚站远比做早课轻松多了！于是，星云大师就改变常法，做错事，不罚站，照常做早课。尽管也有弊端，但却从根本上断绝了一些小和尚为逃避做早课而故意犯错的可能。这样的例子，是不是值得我们的教师们借鉴一二呢？

佛法有云，“法无定法，贵在得法。”俗话也说，“规矩是死的，人是活的。”方法也好，规矩也罢，都是人定的，都是人总结出来的。在某一时、某一事，可能非常适合，但绝不会适合所有场合，适合所有时代。人们更强调智慧，因为智慧无边界。而那些具体方法，则往往有局限性、时效性。所以，做人，切不可拘泥，墨守成规。拘泥的人，既然算不上笨人，至少也是缺乏创造力的人。人生失去创造力，岂不无聊得很？

中国的先哲早在佛教传入中土之前就说过，“大道无形。”这在诸子百家的著作中都有所体现，不过最著名的当属兵家的“兵者，诡道也”。关于“诡道”的基本理论，孙子讲了不少，比如“能而示之不能，用而示之不用，近而示之远，远而示之近；利而诱之，乱而取之，实而备之，强而避之，怒而挠之，卑而骄之，佚而劳之，亲而离之；攻其无备，出其不意”等等。但最后，孙子又说：“此兵家之胜，不可先传也。”说白了，孙子是没法传，因为诡道也好，其他也好，在于看事做事，任何一种口耳相传的“诡道”都可能在实战中无用武之地，大道是无形的，有形的，能教给你的，你能照抄、照搬的，往往都已经是一种下乘的东西了。也因此，古往今来的大军事家们，始终都把人的创造力、能动性放在第一位。只有赵括、马谡之流，才会抱着兵书侃侃而谈、按部就班。

禅宗历史上的很多公案都能很好地体现这一点：

比如有个故事说，有两座禅院比邻而居，两院的禅师都想让自己的弟子超过对方的弟子。偏巧，两院分别有一个小沙弥每天都会下山，负责采办寺里的粮食蔬菜、生活用品等，两人只要一碰面，就要斗一斗禅机。这天，甲寺的小沙弥见到乙寺的小沙弥就问："你到哪里去？"对方答："脚到哪里，我就到哪里。"这话非常高明，让甲寺的小沙弥再不知从何问起。于是他回去便请教师父，师父便告诉他，如果他再回答"脚到哪里我就到哪里"，你就接着问，"如果没有脚，你到哪里去"。小和尚很高兴，可没想到，第二天一见面，他问完"你到哪里去"后，对方竟然变了说法："风到哪里去，我就到哪里去。"小和尚又不知道怎么接茬了，回去后只好继续请教师父。师父也真称得上诲人不倦，再次提示他："如果没有风，你到哪里去？"结果第二天见面，对方又变了，直接回答："我要到集市去。你难道不去吗？"再次把小沙弥说得找不着北。

用星云大师的话说，这叫"禅门不说破，尽在不言中。"如果说智慧如水，那么禅就是水蒸气，更难以把握，难以捉摸，但它的宗旨还是有迹可寻的，那就是灵动、超脱、不执着，始终保持着空灵洒脱的状态，就是最接近智慧，最接近禅的状态。

2. 大道理与小技巧

著名作家、画家刘墉先生在作品中讲过这样一个小故事：美国有个电话公司，总在电视上做广告，但效果始终不理想。新的销售年度开始后，该公司改变了策划方案，新的广告画面上，是一部放在办公桌上的电话机，话筒旁边，倚靠着一根缝衣针，然后，针歪倒，那针落在桌子上的声音，清清楚楚地透过电话筒传到了接听者的耳朵里……很快，该公司的销售订单就多了起来，因为人们通过这个广告，了解到了该公司的电话有多么敏锐！

中国人也常说，“耳听为虚，眼见为实，”想让别人购买你的产品也好，接受你的理论也罢，很多时候，光凭一张嘴，夸夸其谈，讲大道理，说新理念，往往不够。讲得太多，还可能引起反作用。最高明的做法是，通过一些高明的小技巧，将自己的想法悄然灌输到对方的头脑中，让人在潜移默化中相信你、接受你、认同你。至于他们见到的是不是真的如他们想象的那么真实，就是另外一回事了。

历史上不乏类似的例子：

北宋名将狄青，有一次率军平叛，由于此前宋军连吃败仗，军心不稳。狄青明白，当务之急是稳定军心，激励士气。他了解到当地有崇拜鬼神的风俗，于是在出兵前故意说道：“这次用兵，胜败还没有把握。”然后取出一百个铜钱，向神许愿说：“如果神让我们打胜敌人，这些钱扔在地上时，钱面都会向上。”一些官员劝他说：“如果弄不好，恐怕会影响士气。”狄青不理，在数万士兵的注视下举手一挥，把铜钱全部扔到地上，一旁的兵卒上前察看，一百个铜钱的钱面居然全部朝上！顿时全军欢呼，欢声响彻村野。狄青也表现得异常兴奋，命令兵卒拿来一百个钉子，把散落在地上的铜钱牢牢钉住，然后亲手盖上一幅青纱，说道：“等到凯旋归来，再酬谢神灵，收回铜钱。”众将士士气高涨，只一战，便大获全胜。凯旋归来之后，狄青却不酬谢神灵，只是命人把铜钱取回，人们一看，原来那些铜钱是特制的，上下都一样！

有人可能会说，狄青的办法固然高明，但怎么说也是骗人啊！我们不能否认这一点。但我们也得站在狄青的角度想一想，士兵是迷信的士兵，军心是不稳的军心，除了因势利导，谁能给出更好的办法？现实生活中，也有很多类似的事情，单纯靠讲大道理，不仅行不通，勉强实行，也往往缺乏实效。另外，说得不客气点，社会上的大多数人都是俗人，觉悟太低，大道理他们未必不懂，就是不听你那一套。怎么办？只能靠技巧。但不要以为这就是骗人，害他们。像狄青的例子，大家不定心来，没准上了战场，就再也回不来了。最重要的一点，像狄青的例子，你可以把它视作骗人，也可以把它当成智慧。而这两者之间的分水岭，就在于你的骗是基于什么动机。只要动机纯良，发心纯粹，因时制宜、因人而弄地施展一些“微末伎俩”，又有何妨？

当然，我们的主题不是阐释骗与不骗，而是大道理与小技巧。再来看一个小故事：

某寺院依山傍水，一个小和尚每天从河中汲水，挑水上山。这天，小和尚挑着水走到一半，忽然发现前面的水桶中有一只小蝌蚪。他想师傅经常教导“佛家不可杀生”，还是把它放回去吧。

正巧，方丈散步至此，问明原因后，说：“都挑了这么远了，不必回去了。你先把蝌蚪放在盆里养一些日子，看看它有什么变化，再放生不迟。”

小和尚回去后，就把小蝌蚪养了起来，不时喂它一些米粒什么的。方丈见了，又吩咐它注意观察小蝌蚪的生长情况。一开始，小蝌蚪的尾巴随着身子一起长，越长越长。大概过了半个月，小蝌蚪的身体明显长大，长尾巴却短了许多。几天后，后面还长出了两条小腿儿。再后来，小蝌蚪的尾巴更短了，前面也长出了两条小腿儿。到最后，小蝌蚪的尾巴彻底不见了，变成了一只小青蛙。

这时，方丈对小和尚说：“你可以把它放回去了，阿弥陀佛。”

第二天，小和尚便把小青蛙放回了河里。回来的路上，他看到方丈一个人在路边砍柴。他走上前去，非常困惑地问道：“这些事情让弟子来做就行了，您又何必亲自砍柴呢？”

方丈一笑，说：“我不是在砍柴，我是在为小树超度。树木不像蝌蚪，它们的‘尾巴’不会自行消失，必须让人动手砍去才能成材。”

小和尚幡然开悟，瞬间明白了方丈让自己养蝌蚪的用意。

关于故事中的方丈的具体用意，我们就不必谈了，我们要说的是：对于像故事中的小和尚一类的受众，由于年龄、人生阅历等方面的因素，你跟他讲大道理、讲深奥的佛法，他能听懂吗？肯定听不懂，听懂了，也是不懂装懂。这跟不能对幼儿园的小朋友讲《资本论》的道理一样。你非要讲，他们若许也会表现得很乖，拼命点头，但实质上还是一点儿不懂。这时候，你就必须借助一些他们能够理解的事物，比如做游戏、讲故事等，尽量把高深的道理讲得浅显些、平实些。否则，还不如不讲，不然只会把小孩子搞晕。

有些人不懂了，为什么禅家对那些有着相当知识水平的弟子往往也不直接讲大道理呢？难道说他们也听不懂吗？当然不是这样。而是因为禅家注重让学人自己领悟。把话说破了，学生还怎么领悟？只有学生自己领悟的，才是自己的，才是受用终身的。所以，我们发现，禅宗的教学法非常灵活，有棒喝、有暗示、有追问，还有很多我们说不上来具体是什么办法的办法，唯独很少说教，更没有强行灌输。否则，岂不成了《大话西游》中的唐僧了？

说到《大话西游》，最后不妨再来聊聊《西游记》，包括观音菩萨在内，也没少用小技巧。比如“紧箍咒”，如果没有它，单凭唐僧、乃至佛祖的说教有用吗？再比如红孩儿被收编后，菩萨给了他个差事，叫散财童子，之所以这样安排，为的就是让人们看在钱（散财）的份上，原谅他过去的种种恶行。换言之，光靠自己的面子还远远不够。这些小技巧，不仅胜过大道理，是大道理的辅助，本身也是大道理，而且是基于人性考虑做出的最合适的大道理。类似的奥妙，《西游记》及其他古典名著者还有很多，鉴于篇幅，不能一一罗列，留待有心人去发掘吧！

第22章 一花一世界

1. 滴水藏海

禅宗史上有一个“滴水成禅”的典故：

仪山禅师有个弟子，经常侍奉禅师的生活起居。有一天，仪山禅师洗澡时，觉得水太烫，就呼喊弟子提些冷水来，那个弟子奉命提了一桶冷水来，将热水调温后，顺手便把剩下的水倒在了地上。

仪山禅师立即不悦道：“桶里还有那么多水，你怎么能轻易把它倒掉？你知不知道，就算是一滴水，如果给一个饥渴的人，他也能解渴；给草木花卉，它们也能滋长。一滴水蕴含着天地无限的生机，你如此不懂爱惜福报，怎么能和诸佛接心，与祖师相应？”

一席话说得这个弟子汗流浃背，但也因此若有所悟，于是他将自己的法名改为“滴水”，也就是后来大名鼎鼎的“滴水和尚”。据说，滴水和尚上堂说法时，从不谈玄妙的佛理禅机，只是让人珍惜滴水，爱惜细微。有人请教他佛法，他的回答也总是“滴水”二字。

如果你以为这个故事只是教我们学会珍惜水，那就流于表面了，尽管它也确实提到了要珍惜水，尽管水也很重要，但这里不是节水课堂，而是顿悟课。

滴水禅师从滴水中悟到了什么呢？我们又能从中悟到些什么呢？

首先，它告诉我们，要学会小中见大，大中见小。滴水虽小，但可以形成大江大海；大海虽广，但何尝不可视为一大滴水。滴水与大海，本质上是相通的。大与小，都是相对而言的。一碗水小不小？但对蚂蚁来说可能就是灭顶之灾；洞庭湖大不大？但蓝鲸生活在里面还嫌太窄。一滴水小不小？但人类往外太空发射了那么多探测仪器，却始终没能发现一滴水的踪迹。假使能够发现一滴水，对科学界来说也是最重大的发现，因为它后面直接联系着生命！

现代人说：一滴水可以折射太阳的光辉。按照佛家的说法，则是一花一世界，一沙一乾坤。即佛家认为，我们的宇宙中含有三千个大千世界，同样，微尘中也含有三千大千世界。所谓“三千大千世界”，只是一个比喻，用现代话说，那就是宇宙中有无数个太阳系。这在我们的想象之中，是多么的大啊，只能用无穷无尽来形容；可同时，一颗微尘也有无数个宇宙，它又是多么的小啊！换言之，宇宙就像一颗微尘，一颗微尘则包含整个宇宙——我们或许不必太认可这种理论，但是我们都知道，即使是一粒肉眼看不到的微尘，它也可以细分到无限小，分子、原子，现在都到夸克级别了。有没有比夸克更小的单位呢？其实理论上还是可以更小的。反过来想，宇宙有多大呢？宇宙之外还有没有宇宙呢？理论上也是有的。人，如果能时时想想宇宙，看看微尘，再结合自己有限的生命，多半都能悟到点什么。

其次，它告诉我们要注重细节。俗话说得好，“战略决定方向，细节决定成败。”西方人甚至说，“细节里面有魔鬼。”其实，细节里面不仅有魔鬼，还有佛祖呢！看完下面的小故事你就能明白：

佛经中说，有一天，玉皇大帝去参拜如来佛祖，佛祖一高兴，就把玉帝变成了自己的样子，结果菩萨、罗汉、金刚及众弟子来问礼时，见到大殿上坐着两个佛祖，由于不知哪个是真佛祖，当下不知如何是好。十大弟子之一的目连尊者，赶紧施展神通，他先是高飞至三十三层天上，然后又远飞至恒河——之所以如此，是因为佛的法身大于玉帝，理论上从高处、远处即可分清——然而他飞上飞下，依旧分不清哪个是真佛。等他急急忙忙飞回来，另一弟子舍利弗说："何必飞来飞去？大家请看座上两位有没有细微的差别？我想眼睛不乱翻的那个就是佛祖。"是啊！佛祖宝相庄严，怎么可能没事乱眨眼睛呢？其他弟子这才分出了真假佛祖，齐向佛祖问礼。佛祖对他们说："神通不如智慧，目连粗心，不如舍利佛细心。"

现实生活中也不乏类似的例子。明末清初，皇太极俘获了明朝蓟辽总督洪承畴，如获至宝，百般劝降，洪承畴却决心以死殉国，誓死不降，骂不绝口。皇太极改派自己的王牌谋臣范文程出马，范文程只字不提劝降，只是顺着洪承畴天南海北、说古道今，从中察言观色。正说着话，房梁上落下一小撮灰尘，刚好落在洪承畴的衣服上。洪承畴见了，赶紧用手把灰尘拂去。换作是普通人，根本不会理会这个下意识动作，但范文程却瞧在眼里，记在心上。回到宫中，他很有把握地对皇太极说："洪承畴绝不会死，刚才有一撮灰尘落在他的衣服上，他立即就用手拂去了，一个对衣服尚且如此爱惜的人，难道会不爱惜自己的生命？"皇太极欣喜万分，接着在范文程的授意下，亲自去看洪承畴，见洪承畴穿得不多，还当场脱下自己的貂裘披在洪承畴身上，洪承畴大为感动，当即伏地称臣。

再次，它告诉我们要学会大处着眼，小处着手。古人说，"天下大事，必做于细；天下难事，必做于易。”世人口中所谓的大事业，其实也是一件件小事构成的。所谓的大人物，一生中也并非总是惊天动地。只是由于他们所处的地位不同，他们所做的事情才会显得重要些。若以平常心看待之，其本质也没什么不同。

大人物之为大人物，并不在于其干什么，而在于其能不能干好。常言道，把每一件简单的事做好就不简单，把每一件平凡的事做好就是不平凡，把每一件小事都做好就是很多人难以做到的大事。

生活中的很多事情并不小，而只是大多数人缺乏把它做大的智慧而已。人们口中所谓的小事，不外乎那些所谓的“没出息的事”、“没前途的事”、“谁都能干的事”、“受苦受累的事”，等等，自己不愿意做不说，还动不动就说自己“怀才不遇”、世上“没有伯乐”，等等。其实真正的千里马未必需要大草原。对一些脚力并不强健的人来说，给他个大草原，他还可能迷失方向。只有从大处着眼，小处着手，思想上重视，行动上落实，才有可能把小事做大，把大事做好，做圆满。

最后，也是最重要的一点，它告诉我们，世上最高深的学问和道理，就蕴含在我们身边不起眼的小事中。世人之所以不能发现，视若无睹，一来在于缺少悟性，二来在于遇不到仪山那样的好师父，但最主要的原因还在于受自身心理方面的影响。只有产生了这样的思想认同，才会有接下来的对身边小事的观察与领悟。导师总是可遇不可求的，但有句话说得好，“读万卷书不如行万里路，行万里路不如阅人无数，阅人无数不如仙人指路，仙人指路不如一朝顿悟……”这个世界上没有救世主，你就是自己最好的导师。

2. 芥子须弥

芥子须弥，也就是芥菜子和须弥山。在农村生活过的朋友大都见过芥菜子，非常小，比小米还小得多，可能是植物中最小的种子。而须弥山，是古印度传说中的巨大高山，又称“妙高山”、“万山之王”，高达八万四千由旬，而且还有八万四千由旬淹没于水下。由旬是什么呢？它是古印度长度单位，一由旬相当于一只公牛走一天的距离，大约今天的十几公里到二十公里的样子。如此计算下来，须弥山可比我们知道的珠穆朗玛峰高多了。在这里，我们不必计较世界上到底有没有这么高的一座须弥山，只须认同，须弥山非常高大就行。

那么，佛家为什么要把这这么微小的芥菜子和那么巨大的须弥山放在一起呢？先来看两个有关的公案：

其一：

唐代江州刺史李渤，爱好佛法，非常虔诚，但有好多地方弄不懂。有一天，他专程找到一位法名“智常”的禅师，请教：“佛经上说，‘须弥藏芥子，芥子纳须弥’，我看未免太玄妙离奇了。小小的芥子，怎么能容纳那么大的一座须弥山呢？这实在是太不懂常识了，是在骗人吧？”

智常禅师笑着反问道：“别人都说你读书破万卷，可有这回事？”

李渤一听，马上得意洋洋地说：“那是当然！我岂止读书万卷？是比万卷还要多得多……”

“那么你读过的万卷书如今何在？”智常禅师截住他的话头，又问。

李渤抬手指指脑袋，说：“都在这里头了！”

智常禅师故作不解，说：“真奇怪，我看你的脑袋也不过一个椰子那么大，怎么可能装得下万卷书呢？莫非你也在骗人吗？”

李渤听后，当下无语，心中霍然。

其二：

有人问龙济禅师：“古人说，须弥山容纳芥菜子，又说芥菜子也容纳须弥山，请问什么是须弥山？”

龙济禅师答：“穿破你的心。”

那人又问：“那什么是芥菜子？”

龙济禅师又答：“塞住你的眼。”

那人再问：“它们究竟如何相互容纳呢？”

龙济禅师见他这么不开窍，只好说：“你把芥菜子和须弥山拿来吧，我演示给你看！”

第一个故事中的智常禅师，看起来，并没有真正的解决李渤的问题，因为李渤问的是芥菜子和须弥山，而他说的则是脑袋和书籍，是打了个马虎眼。然而这也怪不得智常禅师，因为正如第二个故事中的龙济禅师所说——你把芥菜子和须弥山拿来吧——芥菜子倒还能拿来，须弥山怎么拿来？它根本就是一种传说。所以，智常禅师只能从日常生活中人们都熟悉的事物入手，解释其中的道理：须弥山与芥菜子相互容纳，正如书籍与大脑相互容纳。关于大脑容纳书籍，这无须解释，博闻强记的头脑，何止藏万卷书呢？整个宇宙间的知识都装得下。书籍容纳大脑，也不难理解：哪本书最初还不都是作者大脑中的知识呢？

人称“美国孔子”的大学者爱默生曾经打过一个更容易理解的比方，他说：“一千座森林的最初形态，不过一颗橡树种子。”换言之，一颗橡树种子里面包含了一千座森林。当然这是一种文学上的说法，但我们都知道，春天种下一粒种子，秋天收获的果实往往超出其本身数十倍，上百倍。很多树木的幼苗都不过尺把高，但几十年时间，它却能拔地参天，体积增加何止千万倍？

然而上述内容，都还没点出问题的内核。第二个故事中龙济禅师的话，才是问题的终极答案，即“穿破你的心”、“塞住你的眼”，如果还不能理解，我们不妨把它说成现代话，那就是“打开你的心”、“闭上你的眼”，不要执着于事物外在的表象，如体积、形状、颜色等，要透过现象看本质，要透过本质悟本真，要透过本真思本源……说简单点，就是要有开放性的思想，能够在大至须弥山小至芥菜子的万事万物中自由往来，毫无挂碍。

说白了，这解决的还是心的问题。其实，农村人形容一个人心眼小的时候，往往就会说他“心眼比芥菜子还小”，但“芥子纳须弥”的内涵并不仅限于此，它真正的用意是为说明佛家“大小不二，大小无碍”的观念，旨在让人超越现象乃至现实，关注事物的内在规律及自己的内心。心若能容，须弥山不算大；心不能通，一粒小小的芥子，也会成为人生的拦路虎。

说到底，“芥子纳须弥”不过是种比方。芥子，其实就是我们的心。不过有人若许会问，佛祖他为什么非得要用芥子做比喻呢？他为什么不用油菜子、白菜子或者其他的什么种子？它们也很小啊？有人会说，这可能是妙手偶得吧，其实不然，在佛学中，芥子绝不是一种普通的蔬菜种子，而是一种“瑞物”。所谓瑞物，可以简单地理解为“神圣之物”。事实上，藏传佛教到现在还经常用焚烧芥子的方法来驱魔、辟邪，一些迷信人士也往往认为芥子是驱邪圣物，用来打鬼驱邪，立竿见影。这些自然不必深信。不过我们要追问一句：佛教或者说大众为什么会有这样的看法呢？中医大概可以给出一些侧面解释，即很多中医药典籍都说，“芥子，性辛坚，去一切邪恶疰气，具降伏之德用”等，人们看中的、借用的，可能正是其“降伏之德用”吧。

另外，芥子之小，恰如世上的小小草民、草根，不是有句话叫“一芥草民”吗？尤其是在古代，古中国也好，古印度也罢，尽管往往把“爱民如子”一类的话挂在嘴边，但实质上，在大多统治者眼中，老百姓别说连芥子都不如，甚至连尘土都不如。百姓，只为衬托他们而存在。小民的生死、草民的悲观，往往只用一句“杀人盈城”、“斩万人”、“人相食”等等来代替。但是，小民从来不可轻，恰如虽小却辛辣的芥子，谁若是忽略它，芥子一定让他泪流满面。反之，谁若是重视它，芥子也一定会给他一个超出他想象的巨大回报。小小的芥子，浓缩的是人生的至理，满是生活的味道。

最后，说说佛学中的“芥子劫”。前面讲过，“劫”是佛教的时间单位，但劫并不是一定的，而是有着很多种说法。如芥子劫，说的是有一座城，方圆四十里，里面什么都没有，只有堆得满满当当的芥子，而一个芥子劫的时间长度，就等于让一个人每一百年去城里一次，拿走一粒芥子，直到拿完城中所有的芥子。与之相类似的还有拂石劫，即有一块磐石，方圆四十里，让一个人每五百年去一次，用衣袖往磐石上一甩，这样理论上会将磐石表面抹掉一丁点儿，如此坚持，直到把磐石被抹得不剩一尘，所须耗费的时间就是一拂石劫……你不得不佩服佛教的想象力，但我们更需注意其中的佛理，那就是佛家用这些时间单位来表示岁月无穷，而人生如朝露，近似于无，怎能不加倍珍惜？

第23章 怒乃心奴

1. 多找原因，少找别扭

古印度有一个寓言故事：

有个叫爱地巴的人，他脾气很不好，经常生气，与众不同的是，他每次生气，都会绕着自己的房子和田地跑三圈。人们都很奇怪，但不论谁问，爱地巴也不说。几十年时间转眼就过去了，爱地巴逐渐老了，他成了当地房子与田产最多的人。但他仍然爱生气，生气时仍然会围着自己的土地跑三圈，实在跑不动就走，不走完决不做其他事情……这天，爱地巴已经很老了，他又生了气，又要绕着自己的房子和土地跑圈，家人却拦住了他。他最宠爱的孙子苦苦劝告：“爷爷，您年纪这么大了，不能再像以往那样了，我们会为您担心的。还有，你能不能告诉我，您为什么一生气就要绕着房子和土地转圈呢?”

这一次，爱地巴说出了隐藏多年的秘密。他说：“年轻时，我一和人吵架、争论、生气，就绕着房子和土地跑三圈，一边跑一边想，自己的房子这么小，土地这么少，哪有闲心和人生气呢？想到这儿，气就消了，接着努力工作。”

孙子又问：“爷爷，那您现在已是这里最富有的人了，为什么还要绕着房子和土地跑？”

爱地巴说：“我现在还是会生气，生气时绕着房子和土地跑，一边跑一边想，自己的房子这么大，土地这么多，何必跟一个穷人计较呢？一想到这里，气也就消了。”

爱地巴的话，正印证那句流行语——生气不如争气！不过我们必须在后面加上一句：生气不如争气，争气还要顺气！气不顺，那不叫争气，而叫争斗、斗气。往大里说，它不利于社会和谐；往小里说，它不利于个人发展；往雅上说，显得没有素质；往俗里说，那是拿别人的错误惩罚自己。总之，没有任何好处。

说到气，尤其是说到生气，很多中国人都会把一句话挂在嘴边上，那就是“人为一口气，佛为一炷香”。也不知这句话的出处在哪里，是谁告诉他们佛是为一炷香而存在的？烧香磕头，那不过是一些痴迷不悟者的自发性行为。“请”再多的香，磕再多的头，也不如一颗虔诚的心。缭绕的烟雾，只能增加佛在他们心目中的神秘感。纵有真佛降临，恐怕也会被呛跑。

佛也不会生气，因为佛有智慧。很多人之所以爱生气，简单粗暴，大抵也是因为缺乏解决问题、面对挑衅者的智慧。

佛经上有一个故事：

有一天，佛祖正在为大伙儿说法，一个婆罗门突然怒气冲冲地找上门来，破口大骂。因为原本很多信奉他的人，都跑到了佛祖这里，令他很不满。

佛祖安祥地坐在那里，一动不动。过了好半天，婆罗门可能是骂够了，没意思了，忽然对佛祖的态度感觉很奇怪，便问："我这么闯进来，这么骂你，你难道不生气吗？"

佛祖这才接过话头，反问道："婆罗门啊，你的家里偶尔也会有访客吧？"

"当然有，这有什么关系吗？"

"没什么关系，我只不过告诉你，在我看来，你就是我的客人。尽管你不太礼貌，但我还是要款待你。对了，你偶尔也会款待客人吧？"

"那是当然的了！"

"那么，如果客人不接受你的款待，那些菜肴应该归于谁呢？"

"他不吃的话，只能归于我。"

"婆罗门啊，"佛祖趁机说道："你今天在我面前骂了太多的坏话，但我一点儿也不接受，所以，你的无理取闹，恶意谩骂，最终都是归于你自己！"

婆罗门不好意思地低下头来。佛祖又说："对愤怒的人，以愤怒回报，是不应该的事，也是不理智的事。对愤怒的人，不以愤怒回报的人，将得到两个胜利：第一，他不为对方所动，战胜了对方；第二，他不为自己所动，战胜了自己。"

最终，这个婆罗门被佛祖彻底折服了，皈依门下，成了阿罗汉。

美国的成功学大师戴尔·卡耐基，曾经在他那本风靡全球的《人性的弱点》中说过一句类似的话——没有人会踢一只死狗。当然，这比佛学要低了一个档次，因为佛祖不仅淡定，与世无称，包羞忍辱，还有无上智慧，把外道变成同道的大智慧。然而，仅仅是做到像戴尔·卡耐基所说的那样，对很多人来说就已经是勉为其难了。社会上的很多人，平常没事儿还想找点儿事儿，你还去招惹他、攻击他、挑衅他，他不加倍送还给你，肯定是因为当天他的心情实在太好，天气也实在不错。否则，二人之间至少有99%的概率，会爆发一场骂战，直到有人败下阵来、落荒而逃，或者有人闭上嘴巴，抡起老拳……

对于这种事情的看法，中国人的看法一般是“一个巴掌拍不响”。这自然不能算是标准答案，但很多情况下确实如此。网友们说，“不怕无风起波浪，就怕你浪他也浪”。如果不懂得宽容忍让，息事宁人，即使是鸡毛蒜皮之类的小事，也往往被燃烧的怒火催化成悲剧，无法挽回。这样的例子生活中有很多，有夫妻之间的，有恋人之间的，有亲人之间的，也有陌生人之间的，无须举例，它们每天都在发生，尽管所有的人都希望类似的事件能少一点，更少一点，但我们始终没看到明显少的趋势。

有人说：“气大多是自己找的，没有人愿意无缘无故地气你。”的确如此。有些人，男朋友迟到半分钟，生气；同事跟她开玩笑，生气；老妈没做她喜欢吃的菜，生气；路人多看了她一眼，生气；自己不小心摔了一跤，也生气——这路怎么没人修修呢？更有甚者，有些人做梦都在生气。这种人尤需明白，他之所以爱生气，是因为他的潜意识始终在给自己找别扭，而不是生活故意跟他过不去。

大千世界，纷纷扰扰，生点小气也很正常，但一个人不能整天活在气愤中。如果一个人总是这也气，那也气，那就不是别人在气他，而是他自己在气自己。时间一长，他会变得连自己都不喜欢自己。

退一步讲，即使有些人真的像上面例子中的婆罗门一样，我们也不能跟他一般见识。当然，我们在姿态上更退一步的同时，还应该在心态上更进一步，试着站在对方的立场上想问题，想想自己是不是真的某些地方做得不对，不够好，触犯了对方？换作自己，同样的问题又会怎么想？当你这样想问题时，至少表明，你已经是个成熟的人了。你或许仍然改变不了别人，但至少你控制得了自己，而不是被愤怒所控制，做出无法收场的过激之事。

2. 江山易改，脾气更易改

中国有句俗话，叫“江山易改，禀性难移”，也有人叫作“江山易改，本性难移”。不过相信前面的说法是正解，毕竟，一旦涉及“本性”，往往会让人产生负面的联想，甚至直接让人想起——“狗改不了吃屎”。

禀性，说白了就是人的性格、脾气、气质等的综合。有人认为它是先天的，其实有一部分禀性也是后天造就的。更有人认为，禀性是不可改变的。这个更加不然，单看“禀性难移”这四个字就是如此，只是说它“难移”而已，又不是说它绝对不能移。要不然，那些以“性格”与“命运”为关键词的书能卖得那么火?

其实，禀性不仅能移，脾气不仅能改，而且从理论上来说，也远比“改江山”容易得多。上下几千年，中国不过换了十几个王朝而已，但中国历史上，因为种种原因改变了自己原有的脾气禀性并因此取得了命运转变的人却多得不可计数。再说简单点，改江山，那往往是一个民族的事；而改脾气，只是一个人的事情。孰难孰易，不说自明。

有人会说，那些改了禀性的人，并不是改了禀性，而是迫于无奈，或者基于某种目的，装出来的。这就有点心理阴暗了。自己不改也就罢了，有什么资格质疑别人的动机呢?

人们说，禀性难移，主要是针对那些不好的禀性，如懒惰、孤僻、懦弱。如果非要排个队的话，那么性情暴躁几乎算得上最不好的禀性。

这样的人，若是赶巧了坐上江山，八成暴君一个，老百姓就倒大霉了，夏桀、商纣、秦二世、孙皓、高洋、杨广、朱温，都属于这一系列。即使是做个大将、大官，也往往因为制不住怒火，或把大伙儿带进沟里，或把自己埋葬。赫赫有名的张飞，就是其中的典型。他的结义二哥关羽看上去稍好些，实质上也是个暴躁、急躁兼浮躁的人。晚清的林则徐，少年时脾气也很暴躁，不过他在父亲的教导下学会了制怒，并将“制怒”写在匾上，时刻警醒自己，从而避免了前面两位不得善终的悲剧。

“善战者，不怒。”这是《道德经》中的名句。表面看来，这是在谈战争，实质上老子是通过军事的角度告诫世人，无论是行军打仗，还是处世为人，都要学会制怒，也即不生气。因为人一愤怒，就会短路，学识、修养、经验、见识、智慧、理性，统统都会在一瞬间荡然无存，多么粗暴、多么无耻的事儿都干得出来。只有制住怒气，理性、人性和幸福，才会回归。所以，即使有再大的怒火，也应尽可能地息怒，尽可能地用智慧去解决。

容易发怒的人，个性一般都比较强。但个性强的人未必都发怒。有时候，他们是敢怒不敢言，但归根据结底，心里还是怒了。这种愤怒，相当于现代人常说的冷暴力，更不好制，又因当事人往往处于极端弱势，因此对当事人的危害也就更大。比如清代的光绪帝，表面看来，他是个懦弱随和的傀儡。但细细想来，他应该也是个强势的人，至少他不是个乖巧的人。如果不是因为在前期给了慈禧老太婆太多的冷暴力，他也不至在慈禧临死前还被毒死。

中国历史上善于制怒的人不在少数，但最具代表意义的，恐怕非魏晋时期的王述莫属。史料记载，有一次王述吃煮鸡蛋时突发奇想，试图用筷子扎住鸡蛋，但鸡蛋光溜溜的，他怎么也刺不中。王述因而大怒，抓起鸡蛋掷于地下，可鸡蛋竟无巧不巧地没被摔烂，而是继续在地上滴溜乱转。这下王述更加恼怒，便伸脚去踩鸡蛋，踩来踩去，总也踩不中。王述怒不可遏，竟弯腰捡起鸡蛋，直接放进口里，狠狠地咀嚼一番，然后“呸”地一声，吐了满地，这才算解气。然而这样一个性情中人，忍功却非常了得。有一次，他一着不慎得罪了谢安的哥哥谢奕。谢奕也是个性情粗暴的主儿，直接找上门去，对着王述破口大骂，王述却始终一言不发，最后，他还转过身去，主动“面壁”。直到谢奕骂够了，离去很久了，他才问左右的小官说：“安西将军（谢奕的官职）走了没？”答曰：“走了好一会儿了。”王述这才坐回座位。

古人说，君子之所以为君子，就在于忍人之所不能忍，容人之所不能容，处人之所不能处。王述是不是标准的君子，尚待商榷，但他无疑是个明智的人。首先，当时王家不如谢家势大，官大一品压死人，势大更甚；其次，王家与谢家是姻亲，谢安之弟谢万正是王述的女婿；再次，王家与谢家还是政治上的盟友，王述在之后谢安对抗桓温集团的过程中帮助很大。所以从哪一方面来说，他都不应该跟谢奕闹翻。

灾祸大多都是鸡毛蒜皮的矛盾激化而成的。个性别那么强，制怒也没那么难，关键看你是不是发自内心的想改变自己。

曾经有人问日本的盘圭禅师：“我这个人天生脾气暴躁，动不动就得罪人，不知道该怎么办才好？”禅师说：“噢，你天生就有这么有趣的东西吗？你的暴躁脾气带来了吗？快拿出来，我帮你治治。”“呵，这怎么能拿出来？每当事情不顺心时，它才会出来。”“这么说，暴躁脾气就不是天生的了，它只会偶尔出现。如果在那个时候，你能克制自己，不使它发生的话，哪里会有什么暴躁呢？

你把自己的暴躁脾气，说成是父母生的，这是陷父母于不义啊！”这人被说得哑口无言。

现实生活中也有不少人，总是说什么：“我也知道发火儿不好，也想过不少办法，可事到临头就是控制不住我这暴脾气，真是‘江山易改，禀性难移’！”其实，东方古语云：“积行成习，积习成性，积性成命。”西方也有名言：“播下一个行为，收获一种习惯；播下一种习惯，收获一种性格；播下一种性格，收获一种命运。”世上无难事，只怕有心人，只要有心，就没有什么是我们改不了的。

第24章　恕乃心福

1. 让“过去”过去

古时候，有几个内心充满仇恨的人结伴去一座山中，请一位隐居多年的禅师帮忙化解心中的仇恨。

禅师问他们：“你们都记得你们恨的人的名字吗？”

“当然记得！”人们不假思索地回答。

“那好，把你们的仇人的名字写在纸上，然后贴在屋后面的铁饼上，你恨一个人，就贴一个铁饼，然后，背在背上，我再给你们讲讲佛法，一会儿就化解了。”禅师吩咐他们。

众人到屋后一看，啊，这么多铁饼！拿在手上掂掂，啊，这么重！但顾不了这么多了，不一会儿，大家就按照禅师的吩咐，背着或多或少的铁饼，准备聆听禅师说法。最多的人，背的铁饼竟有数十块之多，最少的，也不下十块。

背着这么重的铁饼，肯定不会轻松。但当大家来到禅师面前时，禅师却好像忘记了刚才的话，迟迟不肯说法。终于有背得多的人受不了了，叫道："禅师，你快开释我们吧！我都快被压垮了，要不，先让我放下来歇一歇也行。"

"不行，谁敢放下来，就请回去。"禅师不容商量地说。

人们只好忍着，毕竟来一趟不容易。可又过了好一会儿，禅师还是不肯说法。不说法也就算了，越往后，细心的人还发现，禅师居然以一种类似耍猴的眼神看着大家！终于，有人气愤地将背上的铁饼放在地上，扬长而去，其余人见了，也纷纷把铁饼放下，准备离去。

这时，禅师才笑呵呵地说："你们刚才感到很难受，是吧？你们可曾想过，你们背的并不仅仅是铁饼，而是你们的仇恨。现在，你们的仇恨就像这些铁饼一样，放下了你们感觉轻松了。以前，始终不肯放下，一直背负着，所以才会感觉很累，很痛苦。刚才，你们甚至连我都恨上了，但你们越是恨我，我就越是要你们背。除非你们像放下背上的铁饼一样，放下心中的仇恨，才能如释重负，不再痛苦。"

大家相视一笑，这才明白了禅师的用意。

佛经中说："以恨对恨，恨永远存在；以爱对恨，恨自然消失。"这种境界，不是一般人能达到的，客观地说，它未必适用于所有人，我们也未必都达到。尤其是面对那些大奸大恶、不杀不足以平民愤的人，做不到"以爱对恨"，实属人之常情。不过，像故事中那些人，一味地背负着仇恨生活，也不是智者所为。仇恨产生于伤害，伤害本身就已经令人痛苦，而仇恨除了会加深这种痛苦之外，没有任何好处。反之，如能放下仇恨，让"过去"过去，不管对于那些伤害我们的人意味着什么，至少对自己是一种解脱。

我本人就有过这方面的经历。说具体点，还不是因为我本人，而是因为我的父亲，我恨上了几个人。具体来龙去脉就不要讲了，总之，坦白地说，我一生曾经有过许多愿望，但当时我唯一的一个愿望就是那几个人能出个车祸什么的……当然，他们都没出车祸。于是我便不停在心里诅咒他们。同时，我也想到，他们同样会在心里恨我。因此那时我上街都是三步两回头，以防被偷袭、被暗算……现如今，几年时间过去了，在我内心，仍然无法做到完全原谅他们。如果可能，我仍然希望他们接受法律的制裁，或者适度的天谴，但至少心中的恨意不再像当初那么深刻了。如果不是刻意提起，我也很少会想到他们。而在当初，我几乎是时时刻刻都在想着他们，想着他们给我和我的家人造成的伤害，心情受影响，工作也受影响，一定程度上，连人格都受影响。

好在，一起都过去了。让你的过去也过去吧。让“过去”过去，才能过好现在；让过去过去，才能迎接未来。这个世界上的人，鲜有没受过伤的，也鲜有没恨过人的。当仇恨刚刚在我们心中生根时，它是那么刻骨铭心，那么强烈，复仇仿佛成了天底下最重要的事情，乃至人生的主要目的。至于到底谁对谁错，孰是孰非，盐打哪儿咸，醋打哪儿酸，全不计较，全不在乎……说白了，就是理智全无。

有句歌词说，山川载不动太多悲哀，人心又岂能载动得如许仇恨？人活百岁，匆匆而过，这个世上，其实并没有太多的绝对意义上的仇恨。很多真正的仇恨，也是人为升级而成。若能懂得宽恕，让不愉快就地解决，无论对人对己，其实都有好处。

恨主要分两类，除了仇恨，就是怨恨。应该说，这类恨在生活中更普遍些，甚至广泛地普通地存在于每个家庭，存在于那些最亲密的人之间。

戴尔·卡耐基讲过一个颇具普世价值的小故事：

我的姑妈伊迪丝和姑父弗兰克住在一栋被抵押的农庄里。那里的土质很坏，灌溉条件又差，收成也不好。他们的日子很艰难，每一个小钱都得省着用。可是伊迪丝姑妈却喜欢买一些窗帘和小饰物来装饰她的穷家，她曾向密苏里州马利维里的一家小杂货店赊过这些东西。姑父弗兰克很担心他们的债务，而且不愿意欠债，所以他私下里告诉杂货店老板，不让他赊东西给我姑妈。我姑妈听说以后，怒气冲天——虽然这件事已经过去了将近50年，可直到现在她还在大发脾气。我曾经不止一次听她说起这件事。我最后一次见到她时，她将近80岁了。我对她说："伊迪丝姑妈，弗兰克姑父这样羞辱你确实不对；可是你有没有觉得，自从那件事发生之后，你差不多埋怨了半个世纪，是不是有点过分呢？"不管她承认与否，我的姑妈对这些不愉快的记忆所付出的代价实在太大了——她付出的是她自己内心的平静。

卡耐基总结得多好！有些做太太的，当然也包括一些做丈夫的，正像故事中的伊丽丝姑妈一样，念念不忘对方当年的不是，大到劈腿未遂、婆媳不和，小到有一天睡觉时谁不小心碰了谁一下……平时没事还好，稍微有点摩擦，这些陈芝麻烂谷子便一条一条被相继搬出，其记忆之精微着实令人佩服。但一旦让他们记一些有用的知识，他们的脑袋却又像榆木疙瘩一样不开窍。让"过去"过去吧。不管过去是仇恨，是怨恨，既然它已经过去了，就不要再人为地把它翻出来，折磨现在的生活了。哲人说，做人最大的痛苦，就是记忆力太好。人要学会遗忘，尤其是那些坏人坏事。这世上没有被恨死的人，这世上也没有仅仅靠恨能改变的事实，咬牙切齿地想着他们和它们，实质上是自己跟自己过不去。

2. 放过自己

有个非常不幸的女人，丈夫早亡，她为了让孩子有个更好的未来，选择了再嫁。但再嫁之后，却总是做噩梦，总是梦见自己的死老公来索命，时间一长，严重影响健康及生活，一位友人便推荐她去请教一位著名的心理医生。

医生没有盲目地给她开药，而是先让她自己讲述一下自己最近的生活，越详细越好。

女人说："我和我的（前任）丈夫非常恩爱，可他得了绝症，而且他这个人有点小心眼儿，临死前还跟我说，'我死后，你不能再找别的男人，否则我做鬼也要回来找你算账！'可他死后，留下一屁股债，我自己也没有什么能力，孩子又考上了美国的名牌大学，费用特别大，没办法，我在亲友的劝说下，和我现在的丈夫结婚了。可是，自从跟他交往开始，我那（前任）丈夫的鬼魂就天天出现在梦里，骂我不守妇道，不守诺言，还要掐我，每回都是从梦中惊醒……"

听到这里，医生插言说："听起来他的法力还挺大的，你结婚的事他也知道……"

"不光这个，"女人补充说，"就连我再婚后的一些生活细节他都知道，你说邪门不邪门？……"

女人又讲述了半天，最后，医生给了她一颗定心丸："你的问题没什么大不了。你听我的，下次他再来梦里找你时，你先不要怕，不妨请他看在以前的情份上，先不要掐你，先跟他打个赌：既然你这么厉害，连我结婚以后的一些细节都知道，那你不如回答我一个问题，如果能回答上来，我立即离婚；若是回答不上来，那也请你以后不要再来骚扰我。”

“那我问他什么问题好呢?”

“你就在枕边备上一碗米，他若再来，你就随手抓一把米，问他你手里究竟有几粒米。”

女人将信将疑地走了。当天晚上，鬼丈夫果然又出现在了她梦里，她依照医生所说，先稳住对方，然后提出君子协定，随手抓起一把米，问他:“你既然什么都知道，那你说我手里究竟有多少粒米?”

说来也怪，鬼丈夫听到这话，像是突然遇到了什么强大的法术似的，“嗖”的一声不见了，以后再也没有出现过。

明眼人一看即知，在上面的故事中，不是鬼丈夫不放过女人，而是女人自己心里有鬼。说白了，就是做了亏心事。尽管从法律和道德层面上来说，她再婚的行为都无可厚非，但她若许是一个对道德层面要求较高的人，可能还有点儿封建社会“三贞九烈”的过时思想。这种思想让她觉得自己的再婚是对前任丈夫的不忠，加之他那小气的丈夫死前还有遗言，几方面的原因加在一起，就会形成深刻的潜意识，从而自然而然地梦中自导自演类似的纷纷扰扰。所谓“日有所思，夜有所梦”也。

在基督教的教义中，人都是有原罪的。佛教没有原罪一说，但有“业障”之说。所以无论是西方的牧师，还是东方的僧人，最常说的一句话或许就是：你忏悔吧！直到佛教在中国落地生根并诞生出佛教最伟大的支派禅宗之后，“忏悔”才退居次位，让位于“超脱”。忏悔不是不好，但万事都讲究尺度，一味地忏悔，无异于自我折磨，也无益于改变既成事实。忏悔过后，还要超脱；只有超脱，才能彻底地觉悟，迎接全新的自我。

佛教有一句很著名的话，叫“放下屠刀，立地成佛”，这话说得有些绝对，不过其动机是没错的，即无论是谁，只要他有悔悟之心，肯改过向善，佛祖也会原谅他，度他成佛。之所以说这话有点绝对，就在于世俗社会、世俗人，不是佛祖，莫说是杀人凶手，即使是个小偷，除非大家不知道他的既往史，否则很少有人能发自内心地做到“既往不咎”。有些人，还说得特别刻薄：做一次贼，一辈子都是贼！结果，很多原本已受过法律惩罚也有心向善的人，往往被世俗的眼光再次逼上邪路，他们的逻辑就是：反正我怎么做也不会有人拿我当好人，我索性就当个坏人吧！我想，佛祖当年说“放下屠刀，立地成佛”的意义就在于此。

这么说，绝不代表我就认同那些因为世俗的眼光再次拿起屠刀的人。如果你想改过，别人说什么大可不必理会，只需诚心改过即可。中国人常说，一失足成千古恨。其实，这句话只适用于那些一蹶不振、破罐破摔的人。古今中外，浪子回头的例子数不胜数，只有那些不愿意给自己机会的人才会进一步泥足深陷。历史并不如烟，我们要牢记昨天的教训，但绝不能让它成为负担。明天将是新的一天，原谅自己、体谅自己，把过去的伤感、痛苦、屈辱、错误全部放下，打包封存，明天才会充满希望。

生活中，谁都难免犯错，我们不但要学会宽恕别人，更要学会宽恕自己，尤其是那些无心之过。即使是失足了，也不要让自己沉浸在悔恨之中，否则你可能真的一失足成千古恨了。世上没有卖后悔药的，已经过去的事情就不要再说什么“如果”、“假如”了。我们最需要的，是“知耻而后勇”，“迈步从头越”。

弗兰西斯·培根——一个享誉世界的名字，他的一生，对人类哲学、科学都作出了突出的贡献。鲜为人知的是，培根生前曾因贪污受贿东窗事发，被英国高级法庭判处罚金 4 万英镑，监禁于伦敦塔内，而且出狱后再也不能参与议会。对政治人物而言，这个打击可谓沉重，尽管他是咎由自取。然而培根出狱后，挟自己多年政治经历所悟所得，转而开始专心著述，先后提出了具有开创意义的经验认识原则和经验认识方法，并提出了“要命令自然，就要服从自然”、“知识就是力量”等至理名言。后来，他把矛头指向了经院哲学，在反对经院哲学的过程中，他建立起了自己的唯物主义经验论，最终成为了人类思想史上的一代巨匠。

除了道德上的错，我们也难免犯一些生活上的错，做些傻事。对这些耿耿于怀，就更不值得了。打个比方，人生其实就是个大考场，总在进行着一场又一场的考试，每一场考试都是一道选择题，你不可能每次都选对，选错一次，并不能说明我们不优秀。况且很多事情，并不是只有唯一的正确答案。即便某件事只有唯一的正确，你又恰恰错失了它，同样没关系，人就是在不断地出错的过程中成长起来的。一路走来，谁都会犯错，但只要你还懂得在错误中寻找正确的人生方向，那你的人生就还是完整的，就还是有希望的，也还是值得钦佩的。怕只怕，人不肯放过自己，与世俗一道，彻底绞杀那个还有无限种可能的自己。

第 25 章　好人好梦

1. 死佛像·活菩萨

有个故事说：一个非常虔诚的居士遭遇困难，去附近的寺院中跪求观音菩萨，希望观音能保佑他逢凶化吉，财源广进。正拜着，居士突然发现身边不知何时冒出一人，扑倒在佛像前就拜，而这个人的模样，像极了供台上的观音菩萨。

居士忍不住问道："您怎么和上面的观音菩萨一模一样啊?"那人答："我就是观音。"

居士听了，高兴极了："大慈大悲观世音菩萨，赶紧普度一下众生吧！我遇到大难题了！"

谁知观音却说："佛门广大，只度有缘人。"

居士说："我在这儿拜你，你又显灵了，这还不是缘分吗?"

观音又说："是缘分又如何? 你没看到我也在拜佛吗? 我也有难事啊!"说罢，消失不见，留下居士一个人在那里发呆。

这个故事带有很强的寓言色彩，其内在含义，无非“求人不如求己”，这我们在前面的章节中已有涉及，不是我们这节的重点。我们这一节的重点是——为什么中国人那么崇尚观音，其程度甚至超过了佛祖释迦牟尼？

这还要从“观音”的由来说起。观音，在梵文中写作 Avalokite·vara，译为中文应该是“观世音”，是“南无大慈大悲救苦救难广大灵感观世音菩萨摩诃萨”的简称。那么，为什么我们现在不叫“观世音”，而叫“观音”呢？这主要是因为中国古代流行避讳帝王的名字，“观音”避的就是唐太宗李世民的“世”字，这么说来，即使是观音，遇到封建帝王，也只有被压迫的份儿。而这也从侧面说明，宗教中所传那些所谓“法力无边”之类是多么的不靠谱，要不然，直接显个形，不吓死他个皇帝老儿！

当然，这反过来也有助于我们认同，信佛也好，信观音也好，还是信仰其精神，不能迷信。

那么，“观世音”三字又作何解释呢？有人说，这就是“慈悲”的意思。这么说并无不可，不过据佛经中认为，观世音者，主要是因为观音菩萨发下了一个大愿，叫“无缘大慈，同体大悲”，这个大愿是针对佛家“只度有缘人”的说法而发的，简单说来，就是佛祖及除观音之外的佛教诸神，只救度那些相信佛学理论的人，那些不接受、不想听佛法指导的人，自然就度不了了。这么说来，这种理念也没什么不好，至少没有佛祖什么责任。这就好比一个人得了重病，有人要救治他，给他找来了上等的良药，但他偏偏不肯吃，谁也没有办法。可以说，这里所谓的“缘分”主要是一种认同感。

可是观音不认同这一点，她认为，没有缘分也是一种缘分，没有缘分的人，无缘无故的人，不认同我的人，我也要爱他、度他，盼他活得快乐。这主要是针对“无缘大慈”而言。而“同体大悲”一句，就是说观音认为，我和他虽然非亲非故，但见到他苦，我自己也苦，见到他痛，我自己也痛。苦在他身，犹在我心；伤在他身，痛在我心。不管有缘无缘，我都要超度他脱离苦海。所以，这种境界已经超越了佛家的“慈悲”，是大慈悲，无上慈悲，所以人们说起观音，总是称“大慈大悲观世音”。而且，观音度人的办法非常简单：无论你身处何时何地，只要你遇到了苦难，只要专心念一句“大慈大悲观世音”，观音菩萨便会立即听到，同时予以救济，所以叫“观世音”——即菩萨随时随地都在观照着世上的每个人。

换言之，观音比佛更悲悯。这或许也正是民间很多人只拜观音不拜佛、并把那些大善人称为“活菩萨”的原因所在。为什么不直接叫“菩萨”呢？因为对于不信佛的人来说，“活菩萨”更实用。

当今社会，一方面，“天有不测风云，人有旦夕祸福”；另一方面，“丛林法则”等西方观念以各种方式侵蚀全球，造成一系列的人为祸难，不管大家信不信佛，如果能以观音菩萨“大慈大悲”的精神为指引，但行好事，莫问其他，绝对称得上人类之福。下面来看一个古代版的活菩萨。

南北朝时的李士谦，家里十分富有，但他自己处处节俭，而把救济别人作为自己的义务。在家乡，如果有人办不起丧事，他总是及时赶到，尽力相助。有兄弟俩因财产分配不均，相互争吵、诉讼，李士谦知道后，便拿出自己的钱财，补给那个分得少的人，使他与分得多的人相等。兄弟俩都惭愧不已，转而相互推让，最后还都成了很有修养的人。别家的牛跑到他家的农田里吃庄稼，他不责备主人，也不驱赶牲口，只是将牛牵到阴凉处，割草饲喂，照顾之周胜过牛的主人。看到有人偷割他的庄稼，他总是默默走开，有意回避。他家的仆人曾抓住过一个偷他家粮食的人，李士谦知道后，反而安慰小偷说："你这样做，都是因为家里太贫困，不应该受到指责。"马上叫仆人放了他。有一年，逢着天灾，李士谦将几千石粮食借给乡邻，约好了秋后还债。没想到当年秋天再次减产，借粮的人因为还不上债，就到李家道歉。李士谦见了赶紧说："我的余粮本来就是用来接济大家的，我当初借给大家绝不是为了利息。"说完他把借粮的人都找来，当着大家的面把借据全都烧毁了。乡邻们非常感动，恰好次年赶上了丰收年，大家争先恐后地到李士谦家还债，但李士谦一份也没收，全都拒绝了。又过了几年，家乡闹饥荒，李士谦竭尽所有，开设粥厂，救活了不少百姓。灾荒度过后，李士谦又拿出粮种给大家，让大家赶紧补种，百姓们都感动地痛哭流涕。有人称赞李士谦说："你真是个活菩萨，你的这些善行，为你积了很多阴德。"李士谦却说："阴德是什么？阴德就像自己的耳鸣一样，只有自己知道。别人都知道的，就不叫阴德了。如今我做的一切，家人都知道，百姓也都知道，还谈什么阴德不阴德？"66岁那年，李士谦病逝于家中，当地百姓听到后，无不痛哭流涕。参加送葬的，有一万多人，很多人都哭着说："天啊，你为什么不让我们去死，而让李菩萨去死啊！"

最后要说的是，我们这一节的标题——死佛像，活菩萨——只是一种形式上的处理，并不是绝对的说法，从哪方面都不是。这并不仅仅是为了避免一些盲目卫道者的攻击，而是说，佛祖也好，观音也好，尽管不可能像佛经中宣称的那样，总是能在第一时间救度我们，但他们的精神是不死的。具体到现实生活中的佛像，也没必要像过去某些年代那样，胡乱打砸，只要人们有一丝向善之心，就值得钦敬。而佛像甚至包括一些有迷信色彩的佛教故事，在佛教向人群中广泛传播中，有着不可替代的作用。此外，现实生活中，我们也不应像做文章一样，人为地区分佛与观音的境界高低，上面的小文，包括整本书，都只是笔者兴之所至，一家之言，说对了，那是彼此有缘，说不对，也希望不要对号入座，上纲上线。有那份精力，请把它放在我们的关注点上——尽量做个活菩萨，度己又度人。

2．好人必有好报

曾在一本杂志上看到这样一个故事：

有一个人，他处处行善，严格要求自己，却没得到什么好报，穷困潦倒，无志难伸。而他的邻居，头顶流脓，脚底长疮，无恶不作，坏透了，却过着丰衣足食的生活，在社会上也挺有“地位”。这个人很不理解，便跑到一间寺庙找那里的禅师解惑：为什么我这好人没得好报，恶人没得恶报？

这位同志的问题，恐怕也是现实生活中很多人的困惑。难道真的是好人无长命，坏蛋活千年？难道做好人就一定意味着被排斥、受损失吗？

当然不是。且听那位高僧的回答。

高僧说：“善有善报，恶有恶报。其实，让人一个成为好人，本身就是最好的回报；让一个人成为坏人，也是最大的恶报！”

这个回答当真让人心旷神怡！人们常说：不是不报，时候未到。其实，回报早在你决定做一个好人或坏人那一刻起就注定了，只是你从没意识到而已。

有些人会想，你别跟我玩文字游戏，这不是什么好报，我要实实在在的好报！其实，实实在在的好报也是有的。先说一个最大的，有首歌叫《好人好梦》，它的中心思想是什么我们暂且不管了，但好人与好梦其实是有内在联系的，比如那句众所周知的警示语：为人不做亏心事，半夜敲门心不惊！好人，至少睡觉是比较踏实的。而坏人，总不免受到各式各样的惩罚——因良心不安而导致的失眠及睡眠不安就是其一。

如果认为这个说法仍然是文字游戏，那我们不妨说得更实在点儿。在法治日益健全的今天，尤其是伴随着网络这一新兴媒体的问世，坏人越来越难逃法网。至于像故事中那位“邻居”，做尽恶事却享尽荣华富贵，首先需要检讨的其实正是故事的主人公：作为一个好人，你为什么不举报他？难道只是因为他还没害到你头上？还有没有点正义感？这么说来，他这好人也是个打折扣的好人。

做个好人，回报还有很多。做个恶人的恶报也同样还有很多。除了法律上的，道德上的，还有社会舆论上的。有些人总是叫骂什么“不能流芳百世，那就遗臭万年”，对他自己来说，可能确实如此，然而对他们的后代来说呢？根据我的观察，那些犯罪份子的后代，不管他们本身有多优秀，世俗社会总是会不自觉地戴着有色眼镜看他们。他们的感受，也只有感受过的人才知道。

如果只是社会舆论上的恶报，或许仍可作罢，毕竟有些人是油盐不进的。然而事实往往没那么便宜，所谓恶人自有恶人磨，一个人做了坏事，自己或许可以消遥法外，但往往为家人招致麻烦和伤害。最起码，也会大大影响家人的生活。

而好人，不仅避免了相应的危害，有助于自己的生存与发展，对家人的积极影响也不容小觑。中国有句老话：“龙生龙，凤生凤，老鼠生儿会打洞，即便龙爸凤妈生的孩子也会打洞。”有时候，人们还是会念在他爸他妈当年的情份上，饶他一马。

当然，我们上面好几段的内容，其实都是为俗人撰写的。俗人，总是关心这些一目了然、最多细细一想就能发现的好处的。这倒也无可厚非，人性嘛！不过，从境界上来说就显得低了。

什么叫境界？就事论事，好人就是一心一意只想做个好人的人，而不管其他。若有“好报”之类的诉求，那就是投资了。这样的投资，恶人有时候也会做，而且还做得相当专业。

当年，梁武帝就曾问达摩祖师：“我建了这么多寺庙，供养这么多僧人，抄了这么多佛经，功德应该不少吧？”达摩却说：“一点儿功德也没有。”梁武帝不理解，再问达摩，达摩却闭口不答。梁武帝一生气，拂袖离去。达摩大师遂渡江北上。其实，达摩的意思无非是说，你还存在功德之心，还没有超脱凡人俗念，即使有功德，也是功利之心使然。换言之，如果做这些佛事没有功德，你梁武帝还会不会做呢？若以今天的史学家们的眼光看来，不管梁武帝有没有功德，但由于他过于崇佛，广建佛寺，还三次把自己舍进寺里，政治上又分不清什么是纵容什么是宽容，不仅给老百姓造成了沉重的经济负担，其晚年引发的叛乱也夺去了很多士兵、百姓的生命，是个一定程度上的历史罪人，还谈什么功德？

能成为一个好人，就是最好的回报——在这一点上，东西方的哲人们可谓达成了共识。

1963 年，美国一个名叫玛莉·班尼的女孩写信给《芝加哥先驱论坛报》，向该报著名栏目主笔西勒·库斯特请教一个问题：为什么她每次帮妈妈把烤好的甜饼送到餐桌上，得到的只是一句“好孩子”的夸奖，而她那什么都不干、只知捣蛋的弟弟戴维得到的却是一个甜饼！玛莉想问问无所不知的西勒先生，上帝真的是公平的吗？为什么她在家和学校里经常看到一些像她这样的好孩子被上帝遗忘了呢？

这个问题令西勒很难回答，事实上，早在玛莉之前，全美各地的孩子们就“上帝为什么不奖赏好人，为什么不惩罚坏人”的问题的来信，他已收到过不下上千封。但直到当时，他始终想不出一个能让孩子们接受的答案。或许，连让他自己接受都难。

正在此际，一位朋友邀请他参加婚礼。他实在应该感谢那场婚礼，因为就是在那次婚礼上，他找到了答案，而且那个答案让他一夜之间名扬天下。

西勒不止一次地向人们描述，当时，牧师主持完订婚仪式，新娘和新郎互赠戒指，也许是他们过于激动，结果他们在互赠戒指时，都阴差阳错地把戒指戴在了对方的右手上——他们都戴错了，正确的戴法是戴在左手无名指上，因为西方传统认为左手无名指的血液直通人的心脏——牧师看到这一情景，非常幽默地说：右手已经够完美的了，我想你们最好还是用它来装扮左手吧！

正是牧师的这一幽默，让西勒茅塞顿开：右手本身就非常完美了，没必要再用饰物去装扮它了。同样，那些有德的人，之所以常常被忽略，不也是因为他们已经非常完美了吗？后来，西勒得出结论：上帝让右手成其为右手，就是对右手的最高奖赏；上帝让善人成为善人，也就是对善人的最高奖赏！

兴奋不已的西勒，立即以“上帝让你成为一个好孩子，就是对你的最高奖赏”为题，给玛莉小姑娘回了一封信，并在《芝加哥先驱论坛报》刊登，结果在很短时间内，被美国及欧洲一千多家报刊转载，而且每年的儿童节，都要被重新刊载一次。

一个好故事，胜过千言万语。朋友，如果你是个好人，就不要去希求什么好报了；如果你是个不太好的人，那么，赶紧回头！

第 26 章　随缘不变

1. 随缘方能有缘

我们中国人，大都相信点缘分。老百姓常说："有缘千里来相会，无缘对面不相识。"诗人则说："自古游鱼栖于水，一丝缘线牵其中。"剧作家们最爱玩那些"缘定三生"的桥段，佛家则说，"随缘不缘，不变随缘。"还有人借佛祖之口，说什么"前世 500 年的回眸，才换得今生与你擦肩而过。"就连一向被认为与铜臭挂钩的商业人士，见面也往往以"咱们真是有缘啊"开头……

有人认为，讲缘分是迷信，其实，缘分不是迷信。当然，它也不是科学，确切地说，缘分也好，命运也罢，都属于玄学的范畴。玄学也是一种学问，它的唯一用处就是用来回答人类已知的科学无法回答的问题，是一种独具特色的东方思维方式。

国学大师季羡林曾经写过一篇文章，名字就叫《缘分与命运》，季老在文中写道：

缘分与命运，我认为，不能全信，又不可不信。我绝不是为算卦相面的“张铁嘴”、“王半仙”之流的骗子来张目。算八字算命那一套骗人的鬼话，只要一个异常简单的事实就能揭穿。试问普天之下——番邦暂且不算，因为老外那里没有这套玩意儿——同年、同月、同日、同时生的孩子有几万，几十万，他们一生的经历难道都能够绝对一样吗？绝对地不一样，倒近于事实。

可你为什么又说，缘分和命运不可不信呢？我也举一个异常简单的事实。只要你把你最亲密的人，你的老伴——或者“小伴”，这是我创造的一个名词儿，年轻的夫妻之谓也——同你自己相遇，一直到“有情人终成了眷属”的经过回想一下，便立即会同意我的意见。你们可能是一个生在天南，一个生在海北，中间经过了不知道多少偶然的机遇，有的机遇简直是间不容发，稍纵即逝，可终究没有错过，你们到底走到一起来了。即使是青梅竹马的关系，也同样有个“机遇”问题。这种“机遇”是报纸上的词儿，哲学上的术语是“偶然性”，老百姓嘴里就叫做“缘分”或“命运”。这种情况，谁能否认，又谁能解释呢？没有办法，只好称之为缘分或命运。

可见，所谓缘分，就是一种切切实实地存在的人与人之间无形的联系。也就是说，有人的地方，就有缘分，所不同的是有些人缘深，有些人缘浅。绝对的无缘是没有的。

“缘分”一词，最初或许脱胎于佛教，不过众所周知，佛教在传入中土之后，早已在与儒、道两教的磨合与相互影响下中国化，相关学者也指出，无论是道家的“性分”和“时遇”之说，儒家的“天命”之说，都可以看到“缘分”的影子。当然，影子终归是影子，真正让“缘分”一词在中华土壤中落地生根并植入中国人的精神世界与唇间耳边的，主要还是得益于佛家思想的广泛传播。

佛家的缘分说，其要点归纳起来就是我们前面所说——“随缘不变，不变随缘”这八个字。简单来说，就是指佛家认为，我们所看到的万物乃至万物构成的物质世界，都是由于因缘际会而生。而所谓因缘际会，则可以视作无数偶然因素导致的必然结果。对此，自然不是人力可以改变的，既然不能改变世界，就只能改变自己的心。让自己的保持宁静，去面对这一切，才能在迁流变化的无常中，安身立命，随遇而安。然而这只是针对前半句而言。当今世界，节奏不断加快，物质生活虽有了极大的提高，但身心压力也随之而来。对此应该客观、辩证地看待，要尽量谋求两者间的平衡。当追求的，必须去追求，暂时追求不到的，要随缘，也要思考自己为什么追求不到。是自己努力不够？还是自己根本就是在强求？如果是后者，就要“随缘”，不可执着、强求；如果是前者，那就应该把视角放在“不变”二字上面，即在逆境中，要保持进取心不变、真诚心不变、清净心不变、觉悟心不变、慈悲心不变，等等，这才是真正的“随缘不变，不变随缘”，而不能简单地把“随缘”当作自己不思进取、一蹶不振的遮羞布。

季羡林老先生也说过：“信缘分与不信缘分，对人的心情影响是不一样的。信者胜可以做到不骄，败可以做到不馁，决不至胜则忘乎所以，败则怨天尤人。”换言之，我们信缘分，讲缘分，为的还是让人在波诡云谲、因果错综的人世间，永远保持心情的平静。

生活中，人们说起“缘分”时，一般处在两种情况下：高兴，或者悲伤。遇到让自己心动的人，动心的事，人们总会在欢欣、激动之余，道一声“我们真是有缘啊”，顺便感恩命运的厚赐；遇到恋人分手、合作失败等烦心、痛心、无可奈何的事情时，人们也往往在感伤之余，向对方或向自己道一声“没想到我们有缘无分”，顺便诅咒苍天待自己不公。

这些，都是普通人的正常反应，无可厚非。需要关照的是那些嘴巴上明明说着自己与对方“有缘无分”，却始终无法从内心深处认同这句话的人。也不知道他们是真懂还是真不懂。

其实，缘分本就是虚无缥缈的东西，能有缘本身就是一种幸运，就应该知足。缘分不可强求，缘分也不是唯一的歪脖树。只有随缘，才能尽快走出失意的现状，更好地走进下一段缘分。

有些缘分，可以落地生根，使陌生人成为朋友，成为恋人；有些缘分却终究是缘分，如水中明月，风中云霓，天际流星，曾经拥有，就是莫大的福分，切不可强人所难，强自己所难。

“缘分”大家族中，最让人放不开的可能就是“情缘”。但俗话说得好，“十年修得同船渡，百年修得共枕眠，”用佛家的观点来说，有些人之所以只能成为恋人，而不能成为夫妻，是因为他们修得不够，只能做恋人，不能做相伴一生的爱人。以寻常眼光看来，这自然是一种遗憾。但从反面想想，正是因为这种遗憾，让那些注定只能擦肩而过的人及时擦肩而过，彼此才能够有机会地去寻找自己的“真命天子”，有什么不好的？

生活中有太多的人为“有缘无分”痛苦，就在于他们不懂得缘分；社会上有太多因爱而起的悲剧，也在于那些当事人不懂得什么是爱情，什么是婚姻，并往往蛮横地认定一个人只要跟他谈恋爱，就必须嫁给他，或者娶了她。其实有首歌写得好：“原来上天是让我们来相爱的，不是让我们厮守一生的……”这是一种极高境界的爱之觉悟。不能白头到老，未必就是不幸。明明已经没有感觉了，甚至感觉相当讨厌了，却还在一起，相互折磨，那是人生的大不幸。

随缘吧，随缘方能走进下一段缘分。别让有缘人等得太久。

2. 有一种缘分叫孽缘

孽缘，简单来说就是罪恶的缘分。按过去迷信的说法，这种缘分是造孽，是要遭报应的。按现在的说法，孽缘虽说未必都是罪恶，其中也不乏值得同情乃至可歌可泣的成分，但至少在表面上，孽缘是违法的，是缺少道德基础的，这种缘分从一开始就不该萌芽，一旦发芽，只会结出苦果。

我们看一些玄幻电影时，当剧中的妖怪、精灵等害人的时候，往往会出现一位道教或佛教的法师，高声断喝一句“孽障！”然后救人、除妖。“孽障”是什么意思呢？有人说是骂人，确切地说是骂妖怪。其实不然，法师如果也骂人，也就不是真法师。“孽障”在这里是点醒之语。在佛教中，孽障也叫业障，指妨碍修行的一切罪恶。具体到我们所说的缘分，尤其是关乎姻缘的缘分，则是指一切不利于双方及双方家庭乃至社会和谐的爱念或情欲。

如果再说确切点，孽缘就是婚外情、包二奶、养小三、第三者插足、嫖娼，等等。俗话说，“万恶淫为首”，人一旦控制不住自己，分不清什么是善缘，什么是孽缘，或者明知故犯，那么原本可以滋养心灵、滋养彼此的爱情，就会变成一剂致命的毒药，一旦发作，即使不至于见血封喉，也必定令人痛苦不堪。

那么，人们，主要是那些吃着碗里还惦记着锅里的“色情男女”们，为什么总是看不清这一点呢？主要还是源自对美色的贪恋。且看下面的小故事：

话说有一次，佛祖的弟子阿难尊者在路上遇到了一个“下贱阶层”（印度的“下等种姓”）的下等女子，并向对方讨水喝。那女子十分自卑，阿难却告诉她，在佛家看来，人人都是平等的。那女子从未遇到过一个男子这样尊重她，尤其阿难还是个气质高贵、长相英俊的男子，因此这女子不自觉地爱上了阿难。连接几天，她连着邀请阿难到她家接受供养。阿难很快意识到这个女子对自己产生了恋情，于是再也不肯接受她的供养。

女子非常痛苦，躺在家里茶饭不思。她的母亲很心疼女儿，劝她忘了这个注定无法得到的男人。但陷入爱情中的女子做不到。她的母亲因为爱女儿，便给女儿出了主意。然后她们俩一起到寺中请阿难最后一趟接受供养，说此后再也不会打扰他。结果阿难去了之后，二人却在饭菜中下了春药，希望把生米煮成熟饭，那样女子或许就能得到她梦寐以求的男人。

阿难当时已经有了极高的修为，吃下东西后立刻觉得不对劲。他心里明白，但一言不发，马上盘腿坐起来开始禅修，力图让自己保持觉醒。另一方面，佛祖见阿难一直不归，料想生了变故，也派人去寻他，并成功地把阿难解救了回来。

到手的男人又飞了，令那个女子异常愤怒。她跑去质问佛祖，佛祖耐心地接待她，温和地问她：“你爱阿难吗？”

女子说：“是的，我很爱他。”

佛祖又问：“那你爱他什么？”

女子说：“我爱他的眼睛，爱他的脸，爱他的姿态，爱他的一切。”

佛祖说：“看来你并不知道，在阿难的身上，有比你说的这一切更加美好的东西。”然后佛祖又问她，“那么，你觉得阿难爱什么呢？”

女子摇摇头："我不知道他爱什么。我只知道他不爱我。"

"你错了。阿难是爱你的。只是他的爱，却不是你说的这种爱。不是这种会给你带来绝望和痛苦的爱。为什么不像阿难一样，爱众生呢?"

女子还是摇摇头，根本不听佛祖那一套。佛祖无奈，只好运起佛法，瞬间把阿难变成了一具散发着恶臭的死尸，然后引领女子前往，表示只要女子肯出一百两银子，就把阿难的尸体卖给她。结果女子一看到尸体就掩鼻斜视，连正视阿难尸体的勇气都没有。佛祖却不依不饶，又问："你是嫌贵吗？我可以便宜些，五十两怎么样?"最后，佛祖宣布："如果你要的话，我可以让你免费抬走。"但女子仍不作答。佛祖趁机开释她："你看，阿难活着时，你爱他爱得死去活来，想尽一切办法也要让他跟你在一起，可现在不过几天，免费送给你也不要，你到底是爱他什么?"

女子低下头来，终于彻悟，当下皈依了佛门。

故事就是故事，当不得真。众所周知，"色"乃佛门首戒，在佛家看来，色就是淫，比刮骨钢刀、穿肠毒药还可怕。但先哲早有言在先，"无色路见人稀"。大家都出家，最后人类非灭绝不可。所以，我们在这里讲述这个故事，绝不是让大家都像佛门中人一样，断爱戒情，了悟皈依。我们只是奉劝世人，不要打着所谓爱情的旗号滥情。

有些无耻之徒，甚至连"滥情"都谈不上，根本就是滥性、滥交。看到美貌女子，张嘴就是"我们真是有缘啊""你是我的最爱"之类，肤浅的女子往往上当受骗。其实这类话，听听说说本无所谓，但怎可当真？一个一见面就爱上你的人，只能是爱上你的美貌。而美貌终究会消逝的，等你人老珠黄，他还会爱你吗?

性也未必就是洪水猛兽。饮食男女，人间大欲。一味的戒情禁欲，有违天道，但千万不要纵欲滥情。欲望让人心醉，但正如毒酒；情爱让人疯狂，却好比河豚。古往今来，不知毒毙了多少人。

所以，每当心猿意马时，不妨想想：美女也好，俊男也罢，都是一副臭皮囊！及早戒掉你该戒的爱，等到“不可不戒”时，后悔只怕晚矣。

“当今社会，耍手腕的人越来越多，耍手艺的人越来越少；出书的人越来越多，读书的人越来越少；养二奶的越来越多，养奶奶的越来越少；未婚同居的越来越多，婚后同居的越来越少。”——这段极不负责的网络流行语固然有失偏颇，但也从一定程度上折射出了当今社会人们对待爱情与婚姻的态度越来越不严肃。当然，中国有句俗话：“孩子总是自己的好，眼里总是别人的妻。”受数千年“男尊女卑”等封建思想的贻害，时至今日，还有很多人把“人不风流枉少年，人不风流只为贫”等封建糟粕挂在嘴边上，认为男人身边多几个女人，不仅无损道德，还是有能力、有本事的象征。如建国以来最大的卖官案主犯、绥化市委原书记马德有一句“名言”：“一个情人没有是废物，有两个三个情人是人物。”好事者又在后面加了一句——情人太多是动物。还有人写过这样一首打油诗：“握着小姐的手，仿佛回到十八九；握着情人的手，仿佛在喝茅台酒；握着老婆的手，仿佛左手握右手，一点感觉都没有。”但是不管怎么说，正如张爱玲所说：“人本来就是动物，可是没有谁像她这样肯定地是一只动物。”我们毕竟是人，毕竟是一种讲道德的动物。没有人不让你爱，但你必须遵守爱的规则。没有人否定缘，但类似的孽缘，断得越早、越干脆越好。

第 27 章 静·净·境

1. 心静自然凉

据载，唐代大诗人白居易晚年好佛，喜欢遍游群山，访贤问道。有一年夏天，白居易去拜访一位名叫恒寂的禅师。当时正值伏天，天气酷热，一众僧侣热得无心参禅，唯有恒寂禅师一个人安静地坐在房里读经。

白居易不断地扇着扇子，仍然满头大汗，他问恒寂："禅师，屋里这么热，为何不找个凉快的地方读经？"恒寂淡淡地说："三界如火宅，娑婆如热炉。我觉得这里就很凉快。"白居易深为恒寂禅师的禅功所触动，于是作了一首诗：

人人避暑走如狂，独有禅师不出房。

非是禅房无热到，为人心静自然凉。

后来，"心静自然凉"成了传诵千古的名言。所谓"心静自然凉"，本义是说心里平静，内心自然凉快，引申为遇到问题、困难、挫折时，放平心态，以一颗平常心去处理、去面对，这是每一个成熟的人应有的生活态度，对问题、困难、挫折的解决也不无裨益。

刚刚经历过炎夏的人们，都有这样的感觉：天气一热，人就容易产生一些负面情绪，轻者烦躁不安，影响工作，重则无名火起，铸下大错。这时候，单是打开空调是不够的，要学会把自己的注意力从天气转移到其他可以让自己感到平静愉悦的事物上面。当你的心思不在热上面了，自然就没那么“热”了。举个例子：一个喜欢打麻将的人，在数九寒天不升火的屋子里也能玩得不亦乐乎，若是牌风不顺，还会脑门见汗！例子虽然庸俗，但足以说明，心理的微妙变化会极大地影响人对外界事物的感知。

当今世界，全球变暖，集体发烧，我们做人、做事，尤其是有所追求却不得其门而入时，只差一步却偏偏遭遇“瓶颈”时，不幸落败又逢世态炎凉时，心烦意乱偏偏还有人添乱时，都不免让人急出一脑门汗珠加一头雾水，坏脾气、坏心情自然也不打一处来。这时候，除了自己冷静下来，谁也帮不了你。

已故世界三大男高音之首帕瓦罗蒂就有过这方面的经历。有一次，尚未成名的帕瓦罗蒂应邀去法国参加一个演唱会。他提前一天赶到法国，当晚下榻在了剧院附近的一个小旅馆。为了不影响第二天的演出，他早早地就上床入睡了。谁知刚刚睡下，便被隔壁婴儿的哭闹声吵醒了。帕丽罗蒂本以为，这小家伙哭一会儿就会停，谁知一个多小时过去了，孩子还是哭个没完没了。他的忍耐已经到了极限，伸出拳头，准备砸墙以示抗议，但就在拳头触及墙面之前，他突然想到一个问题：这小家伙怎么能哭这么久？已经哭了一个小时了，声音还像刚开始那样洪亮！想到这儿，他躺在床上仔细静听，发现这孩子是个天才，每次声音快到临界点时，他就会把声音“拉”回来，这样，他的哭声便不会破裂，声带也不会嘶哑。而且他听出，那个婴儿并不是用喉咙发音，而是用丹田，因此他长时间啼哭，却一点儿也不气喘。想到这儿，帕瓦罗蒂非常兴奋，当即试着像那个婴儿一样，用丹田发音，并且在唱到最高点前拉回来，保持声音的洪亮完整。一试之下，效果非常的好。反正也睡不着了，他便就着婴儿的哭声，练习了小半个晚上。第二天，他全新的唱功征服了所有观众。

帕瓦罗蒂一事告诉我们：如果你心里静，即使是噪音，也能听出天籁的感觉。尽管，冷静下来未必能解决所有的问题，但至少不会让事情变得更糟。

再来看一个身边的故事：前不久，我聘请的一位小姑娘来找我辞职。她的工作能力确实不错，而且我的“小庙”里就这么一位“大神仙”，她匆忙一走，我还得临时招聘。我惊问其故，小姑娘不好意思地说：她在北京交了个男朋友，不知怎的被二老侦知，强烈要求她立即与男朋友分手，回老家发展……这种情况下，我也不好再留她，而且应她之请在她所在的城市帮她联系了一家跟我有业务往来的公司。谁知没过多久，该公司的负责人就打电话过来说：“小姑娘刚上几天班就跟我请长假，说心里烦，要去西藏散散心，我心说你比我还拉风，一心烦就上西藏，还上什么班啊！直接给她开了。下次这种人别给我介绍了！”放下电话，我对小姑娘的敬佩之心油然而生。我也想去旅旅游，但始终生存在危机中，脱不开身，而人家一个参加工作才几年的小姑娘，却说走就走，令人羡煞。不过细细想来，她这旅行还没出发就打了折扣。事实上，从她道出辞职的原因时我就预料到，她在接下来的日子里一定会比较烦。当爱情与亲情发生遭遇战，且没有和解的可能，谁都烦。我也能预料到，她如果不能解决自己心里的问题，即使走遍千山万水，恐怕也散不开郁闷的心结。而且，这个故事并没有结束：前些天在网上见到小姑娘，我问她西藏之行感觉如何？她的回答是：二老坚决不同意她去西藏，所以……很显然，她需要的已经不是简单地静下心来，忘掉烦恼，重拾欢笑，而是应该进一步想想：她为什么会这么烦恼？她又该如何谋求爱情与亲情、家庭与自我之间的平衡？

其实，想找个地方静一静、散散心的现代人远不止小姑娘一人。很多人都想去高原看看蓝天，饮饮雪水；想去草原骑骑骏马，望望白云……很多商家也乘机打出了"背叛城市，回归自然"的招牌，但是我们知道，我们迟早要回来，柴米油盐、锅碗瓢盆依然固我，无法突破的"瓶颈"、难以改变的现实依然固我，看看天、看看云看似能安心，其实是逃避。我们想要的"清静的去处"，只能向自己的心中求。如果我们的心不能真正静下来，即使遁迹深山老林，照样纷扰挂心头。真正的静，是心静而非形静，是心灵的超越，而不是形式上对尘世的逃避。

2．静下来，净起来

两年前，我去一家公司讨要一笔拖了很久的欠款，对方指着办公室里的一幅观音像，几乎以一种发誓的口吻说："我现在确实遇到了困难，你再等等吧！你放心，我是学佛的，我要昧良心，观音菩萨也饶不了我……"说实话，我当时的反应很没风度，我几乎是指着对方的鼻子说："你算了吧！你这样子也学佛，学出来也是歪嘴和尚！"结果和对方大吵了一架，然后拂袖而去。

事后，我经常在写一些文章时把对方列为反面人物，强烈讽刺，百般贬损，以舒我心中恶气。钱也没多少了，我也不准备要了，更不准备起诉，还不够起诉费的。让我没想到的是，去年过年时，对方竟然主动把那笔钱打到了我的卡上，并一再向我道歉，说自己当日心情不好，不该与我争吵云云……总之，令我特别不好意思，感觉自己就是传说中的“以小人之心度君子之腹”的小人。

证明我是小人，不是我们的主题。引述这件往事，主要是为了说明：静心很重要，但净心更加重要。因为，静心或许只需掌握一定的技巧，都能达到。大奸大恶，流氓无赖，只要心理素质好，静心对他们来说并不是什么难事。而净心，则牵涉到本质问题。人活人世间，纷纷扰扰，这事那事，偶尔心不平、气不静，在所难免，只要懂得及时调整，向不太好的自我告别，尽量做个更好的人，即使心不静，也还是个值得尊敬的人。但人的本质若玷污了，性质就大大不同了。

“静心”与“净心”之间，也存在着内在逻辑。面对一些人，一些事，我们为什么静不下心来？表面看来，是心里不够宁静，本质上还是心灵不够干净。房子不干净，要及时打扫；杯子不干净，要及时清洗。心灵不干净，自然也应及时清理。

佛家有言：“欲净其土，先净其心；随其心净，即佛土境。”指的便是内心清净，则所处的世界都是净土。心不净，便难以超脱五浊恶世（佛家对我们当下世界的叫法）。

六祖慧能则更进一步，指出净土即是净心。曾经有人就他：“我经常看见有人念经，说求佛祖保佑，往生西方极乐净土，我们人到底能不能往生西方?”慧能说：“什么西方？世上根本不存在一个所谓的西方。所谓净土，其实在我们心中，用不着到处去求索。那些愚痴的人，由于不知道‘心即是净土’的道理，往往以为佛在十万八千里外。其实，如果说净土只是以距离远近而论，那么西方本地人不都成佛了吗?”的确，净土就在我们心中，用不着到处去求索。它所需要的，仅仅是勤打扫，常拂拭，勿使染尘埃。

有人会说，你说的这不是当年禅宗北派神秀所作的偈子吗？你不是在前面说它远远不如慧能的“本来无一物，何处染尘埃”吗？确实如此。不过我们在前面比较的只是一种禅理上的高下。再高明的禅理，也还是要落实到具体实践中的。而在具体实践中，尤其是对普通人来说，神秀的思路可能更加务实些。

来看下面的故事：

宋代时，有个著名的禅师叫鼎州和尚，有一天傍晚，他带着小徒弟在寺院里散步。当时已经深秋，突然一阵秋风起，树上落下好多落叶。禅师见了，便弯下腰，将脚下的树叶一片片捡起。小徒弟就说：“师父，您捡它做什么？反正明天我们一大早会打扫的，现在捡岂不是白费力气？再说了，这么多落叶，您也捡不完啊!”禅师却不以为然地说：“话不能这么讲，打扫，难道就一定会干净吗？我现在多捡一片叶子，地上就会干净一分啊!”小徒弟不服气：“我是为您不值，您前面捡，它后面又落下来，您怎么捡得过来呢?”禅师又说：“落叶不光落在地上，也落在我们心上啊！地上的落叶捡不完，但心上的落叶终有捡完的时候。”小徒弟听了，若有所悟，也弯下腰来，一片片捡拾脚下的落叶。

今天看来，鼎州禅师并不是存心捡树叶，而是借机开释小徒弟，人心如大地，有些许落叶实属正常，要紧的是有一片就捡一片，切不可积少成多，留待“明天早上”做大扫除，那样，可能就会陷入禅师所说的“打扫也不一定就会干净”的境地。

无德禅师的故事也很有教导意义：

有位虔诚的女香客，经常从自家花园中采摘鲜花，到寺中礼佛。有一天，无德禅师见她闷闷不乐，便询问缘故。女香客说："大师有所不知，我每次来寺里时，整个心就像洗涤过一样清净、欢喜。但是回到家中，心就不由自主地烦乱起来。尤其是看到我家官人的一些不良习惯，心情更是烦乱。不瞒您说，我今天来之前，还跟他闹了别扭。请问禅师，像我这样的人，怎么做才能在生活中保持静心呢？"

无德禅师反问："我见你经常带鲜花来，想来对花草有些常识。我且问你，如何保持花朵的绽放？"

女香客答："这简单，每天换水，同时在换水时把花梗剪去一截。因为浸水的那部分花梗容易腐烂，腐烂之后就不易吸水了。"

说到这里，女香客忽然面露笑容，说："多谢禅师开示。我明白了。"

这位女香客明白了什么呢？想来是明白了做人与养花一样，唯有不断净化我们的身心，提升我们的气质，并像剪去腐烂的花梗一样，不断自省、忏悔、检讨、改进，才能保持持久鲜活。

综上，人，要静下来，更要净起来。想想，你心中还有多少落叶？你的生命之花又有多久不曾修剪腐烂的花梗？人都有肮脏的一面，及时清理它，它才不会占上风，垢污我们的身心。

第 28 章　前因后果

1. 种如是因，得如是果

关于“因果”，佛经上有一个著名的例子：

有一次，佛祖释迦牟尼带着一众弟子去远方布道，在经过一个小村庄时，佛祖命阿难尊者前往村里打水，给大伙解解渴，并明确告诉阿难，从村口往里走，五百步有一口井，井边有一个洗衣服的老妇人，可向她求一桶水，但她脾气不好，切记对她态度和善些。

阿难记在心上，拿着空桶向村里走去。果然只走了五百步，就见到了水井以及旁边洗衣的老大娘。阿难想到佛祖的嘱托，以非常恭敬的态度向老大娘申明来意，谁知这位老妇人却不通人情，说：“不行，这口井只能给本村人使用！”接下来，任凭阿难苦苦请求，老大娘始终不为所动。到最后，把老大娘说烦了，老大娘还呼叫起来，让邻居们来帮忙，把阿难赶跑了。

阿难带着空桶无功而返。他把遭遇到的情形原原本本地向佛祖讲述一遍，佛祖点点头，示意他坐下，接着换另一弟子舍利弗去借水。

舍利弗很快来到井边，见佛祖跟阿难描述的那个老大娘还在井边洗衣服，便走上前去，很有礼貌地说："老人家，我的师父和师兄弟们口渴了，我可以跟你要一桶水吗？"

老大娘抬起头，见到舍利弗，竟没来由地心花怒放，那神情就像见了一个久别的亲人。她高兴地说："行！行！来，我帮你打水……"打好水，老大娘还让舍利弗在井边等她一下，然后匆匆跑回家，拿了一些斋食让舍利弗带上！

舍利弗带着斋食，提着水，回到大家歇脚的地方，将自己遇到的情景告诉了佛祖，佛祖点点头，照样示意他坐下。大家喝完水，众弟子便疑惑地问佛祖："为什么阿难去打水，也很有礼貌，对方却把他赶了出来？"

佛祖说："这都是因果啊！在远劫前的一世，那个老妇人曾沦为畜牲道，投生老鼠身，最后死在了路边，被烈日艳阳暴晒。阿难当时是个商人，他见到死老鼠时，心中起了嫌恶之心，掩鼻而过；而舍利弗当时是个读书人，见到死老鼠，心中生起怜悯之心，顺手捧了一把泥土，将老鼠掩埋了。如今，再见阿难与舍利弗，自然生出不同的反应。"

我们在前面讲过，佛教对于普通人来说，最大的用处就是用来解释那些科学无法解释的问题，比如在这个故事中，以及与之类似的生活场景中，有些人，前日无仇，近日无冤，素昧平生，也不是为了争取利益而相见，一见面却很不"感冒"，甚至一言不和，大打出手，打完了自己也挺纳闷，我这是怎么了？他这是怎么了？我哪里得罪他了？而有些人，从前也没有任何交际，但甫一接触，便立即生出好感，即使别人都认为他是个坏蛋，甚至还有些"面目可憎"，他却依然固我。

这下，困惑解开了：有些人之所以一见你就没来由的烦你，是因为你在某个前世得罪了他；你之所以一见某些人就来由的不高兴，也是因为他在某个前世伤害了你。

这个理论，在科学和常识上都没法求证，但除此之外，恐怕我们也拿不出更有说服力的解释。

说到"因果"一词，很多人往往把它想得很神秘，提起佛家所说的"因果"，又往往生起恐惧心理。毕竟，人无完人，大都犯过些小错，伤害过一些人，照故事中那个老大娘的逻辑，别人嫌她臭，掩鼻而过，她穿越时间也不放过别人，如此推算下来，我们的未来岂不是很麻烦，很可怕？

其实，类似的故事，完全不必深信，你所需要相信的仅仅是，人世间的很多事情，而不是所有事情，都是因为有前因，才有后果。你若不想品尝类似的后果，乃至恶果，那就好好呵护自己的生命之树，别让它从根本上生发出一点邪恶的芽子。

一些并未彻悟的僧人，往往向世人说什么"种如是因，结如是果"。其实，在禅者看来，人固然应该敬畏困果，多种善因，但还应该更进一步，不昧因果。对此，我们不必过多展开，只需记得，人生在世，应多行善事，但也难免做些错事，错事不是恶事，对于已经发生了小错，要持超脱的心情去看待，不要让它成为自己的负担。

抛开"因果"，我们不难发现，佛家的"因果"思想，也是有一个主要的"因"的，那就是劝人向善弃恶，但光说大道理，人们未必信，或者说虽然信，但不好好地执行。于是佛家的高明人士们便编出了一些吓人的故事，用那些可怕的后果来吓阻世人。这与我们小时候哭闹不止时大人动辄说，"别哭了，再哭大灰狼就要来抓你了"，没什么本质的区别。

但是，我们绝不能因此就胆大妄为。俗话说得好，“种瓜得瓜，种豆得豆”，我们大可不必管什么前世、来世，但仅仅是想幸福地过好今生，也必须相信点因果。

著名小说家王朔曾就这个问题表达过自己的看法。他说：“人们常说，恶有恶报，善有善报，这个‘报’的本质，其实就是物理上的能量守恒定律，仔细想想还真是那么回事——你做了一件坏事，你打着各种冠冕堂皇的幌子把别人的东西巧取豪夺到你那里去了，你仗势欺人，别人或许敢怒不敢言，但‘敢怒’二字就说明‘报’的能量已经产生，再也不会消失。它如何积累，如何酝酿，如何释放，都只是一个时机和管道的问题。反之，你做了一件好事，你帮助了别人，别人即便不能即刻报答你，但至少不会讨厌你，周围的人也会认可你。认可你的人多了，善报自然会络绎不绝地随之而来。”

人际交往如此，其他方面莫不如此。农民不辛勤播种，怎么能得到果实？学生不辛勤学习，怎么能有好的成绩？学者不扎实研究，怎能写出好作品？修行者不布施、不持戒，怎么会得善果、成正果？人生的大道理都特别简单，具体到我们本节而言就是——你想得到什么，就先付出什么；你不想得到什么，就不要做什么。

2. 莫以恶小而为之

关于“因果”的案例，在现代社会中口耳相传的，以及在网络上也不少，不过大多有迷信色彩，不值得宣扬。还是那句话，这都是佛教人士为导人向善而有意附会到“因果”之说上的，我们要透过现象看本质，知其然并知其所以然。

历史上就有一个颇具启发意义的“因果”故事：

据《太平广记》记载，好佛的南朝梁武帝萧衍，还有很多业余爱好，比如下棋。他的棋兴上来时，经常整宿整宿得下，熬得那些专门陪他下棋的侍卫、官员哈欠连天、东倒西歪。有一次，他正在下棋，侍从报告：榼头师来了……榼头师是当时的一位高僧，佛法精湛，是梁武帝难得的僧友。当时梁武帝已经入迷，身心完全沉浸在棋局中，恰好在棋局中又要“杀”对方一枚棋子，于是随口答道：“杀!”那个侍从也是个糊涂蛋，也不细究，当即把榼头师就地正法。稍顷，棋局结束，梁武帝险胜一局，正自高兴，于是传问侍从：“榼头师来了没有?”侍从回奏：“刚才陛下不是下令杀了他吗？已经正法了。”梁武帝倒也没有责怪侍从，只是问他：“大师临死前说什么了吗?”侍从回答：“说了。他说我一生持戒，没有罪过，想必是前生我做沙弥时，有一天翻地时，误杀了一条蚯蚓，才得此恶报!”

类似榼头师这样的说法，自然是不能信的。不仅不能信，我们还有理由相信，假使这个故事是真，多半也是梁武帝在误杀僧友之后，自己杜撰，以混淆视听的。封建帝王们，最擅长的事情，就是借助迷信宣扬对自己统治有利的一切思想，或者借以树立自己公正清明的形象，掩盖自己的凶暴与昏庸。更何况我们还知道，《太平广记》本就是一本志怪小说集，怎可全信？

但即使是志怪，其中也并非没有丝毫积极意义。其中的“因果”之说，不可相信，但又不能绝对不信。古人常说，离地三尺有神灵，离地三尺有神灵吗？没有，有的只有自己的良心——大多离地三尺。古人、现代人这么说，其深层次的含义，还是在于让人对未知世界时刻保持一份敬畏之心，借以约束自己，不至于在邪路上走得太远。古代也好，现代也好，很多人，之所以铤而走险，置一切于不顾，就在于失去了这份敬畏之心。

再回到上面的故事：那位不能确定是否真正存在过的榼头师，前生只不过杀了一条蚯蚓，而且还是误杀，至于受死刑吗？放到现代社会，怎么的也得判个死缓一类的。可梁武帝却直接给他立即执行了。这在我们看来，非常不能理解，不能认同。相信您也不能理解。但我们必须理解创造这些故事的作者的苦心，他们所强调的，无非是那句老话：莫以恶小而为之！在佛家看来，众生平等，杀蚯蚓是杀生，杀人也是杀生，同样是犯戒，性质上是一样的。而在法学家们看来，没有人生来就是大恶人，大恶人往往都是由于没能及时改正、纠正一些小错，造成思想上的信马由缰，最终让人在邪恶的路上狂奔，再无回头的可能。明白了这层道理，你就能明白类似故事的出发点了。

《法华经》中有一个更符合我们本节内容的小故事：

有一次，佛祖率众弟子前往摩揭国的梨越河城，途经畔梨越河时，适逢正午，艳阳高照，佛祖便命弟子们在河边稍事休息。当时，河畔还有 500 个人在放牛，河里则有 500 个渔夫在捕鱼。

不一会儿，旁边有人吵闹说，渔夫们网住了一条巨大无比的鱼，500个渔夫同心协力，居然无法将大鱼拖出水面，这时几个渔夫过来请500个放牛的人帮忙，最终，合千人之力才将大鱼拖上了岸。

这条大鱼的体重本来就够惊世骇俗的了，更加不可思议的是，这条鱼身上居然长着驴、马、猪、狗、骆驼、老虎、豹子、狼、狐狸等100个不同动物的头。人们非常惊奇，对此议论纷纷，说什么的都有。

佛祖见众人在河边吵闹不止，便让阿难尊者过去看看发生了什么事，阿难尊者看到大鱼也很吃惊，马上回报佛祖。佛祖便带着众弟子一起前往看个究竟。人们见佛祖来了，纷纷用期待的眼光看着他，希望他能以无上智慧揭开这个谜。

佛祖便问大鱼："你是不是迦毗梨？"

大鱼开口回答说："正是我。"

佛祖又问："你现在在何处？"

大鱼回答说："现在堕在阿鼻地狱中。"

阿难和人们对此充满了疑问，便请教佛祖，佛祖耐心地解释："在过去迦叶佛在世时，有一位婆罗门生了一个男孩，取名为迦毗梨。这个男孩长大后聪明伶俐，知识渊博，在当时的婆罗门中，没有人能比得上他的才学与雄辩。他父亲在临死时再三叮嘱他说：'你千万不要与迦叶佛的弟子辩论，他们智慧深奥，你是比不上的。'但父亲死后，迦毗梨的母亲却让他假作沙门去偷学知识，以便能在辩论中胜过迦叶佛的弟子，虽然迦毗梨不想这样做，但他抗不过母亲，只好照办，并以他的聪明好学，在短时间内记下了很多经典，初步理解了义理。他的母亲问：'你现在能辩倒迦叶佛的那些弟子了吧。"迦毗梨说自己还是无法胜过那些有禅定的人，结果他母亲很不高兴，教唆他在辩不过时出恶言辱骂，那样的话迦叶佛的弟子肯定会默然不语，而旁观者也就会认为是迦毗梨胜了。在母亲的唆使下，每当与迦叶佛的弟子辩论快要输时，迦毗梨便破口大骂："你这个蠢人，没见识没智慧，比某某（动物名）还不如，懂得什么！"天长日久，百兽的头部都被他用来骂过了，因此他便变成了今天这样的百头怪物。"

老百姓常说：说话时，嘴上最好带个把门的。这个故事则告诉我们：骂人，小心下辈子会成为怪物身！谁说骂人不痛不痒？还是那句话，类似的鬼怪故事当不得真，但不要以为这只是个传说，就不把它放在心上，生活中因为一言不和、一言不逊导致的不幸多了。如果大家能经常引以为戒，经常在嘴边设个把门的，不说狠话、脏话、伤人的话，多说好话、祝福的话、有水平的话，不仅可以避免相应的伤害和反伤害，办事也会顺利，心气也会和顺，有什么不好的？

另外，"莫以恶小而为之"的现实意义还在于，有时候，你做了一千件好事，或许也得不到好报。但你刚刚做了一件坏事，还是无意为之的小坏事、小错事，却往往立即得到"恶报"，甚至招来千夫所指，万人唾骂，一点儿也不成"正比"。不是身处其中，很难体会当事人的心情。我这么说，并不是说我自己遭遇过类似的境遇，更不代表我对类似的当事人绝对持同情态度。我只是说，这世界有时候，还真的有点不讲道理，尤其不跟世俗认定的"坏人"讲道理。这世人，也往往吹毛求疵，上纲上线，无限发挥，打翻在地还要踏上一只脚……但生在这个世俗的人间，有什么办法呢？善自修持吧！

第29章　天堂地狱

1．一念天堂，一念地狱

日本江户时代，有个将军非常尊敬白隐禅师，经常向他请教一些佛学上的知识。

这天，将军又去参拜禅师，问道："请问禅师，佛经里说的极乐世界和地狱真有其地吗？"

白隐呵呵一笑："有啊！"

"那么它们在哪儿啊？"

"想明白它们在哪儿，首先得明白你是谁。"白隐依旧笑呵呵的。

"我是谁？我是您的老友啊，是当朝的将军啊！"

"你是个将军吗？真是笑死人了，你以前或许是，但我听人说，你昨天已经被废黜了，现在连个乞丐也不如，还说自己是将军……哈哈，真是好笑，真是好笑……"

将军怒火中烧，按住腰间的剑柄，作势欲拔。

白隐却不害怕，还盯着他的手，火上浇油："噢，我倒忘了，你虽然不是个将军了，但还是个武士，可你的脸怎么越看越像叫化子呢？还有你的剑，也太钝了吧，能砍下我的脑袋吗？"

将军怒不可遏，呛啷一声，拔剑出鞘，直指白隐的胸口。

白隐笑声一收，指着将军说道："你看，地狱之门开启了！"

将军心头一震，立即会意，顿时对自己刚才的鲁莽行为感到羞愧，赶紧收起剑，恭恭敬敬地向白隐赔礼："望大师原谅我的愚痴。"

白隐又是一笑："快免礼吧！你看，天堂之门开啦！"

天堂也好，地狱也罢，由于没有去过，我们不便妄说。不过，我们可以至少肯定一点，那就是但凡还活着的人，都没有去过。所以，人们明知道天堂很好，但还是不愿意去。至于地狱，人们就更不愿去了。俗话说，好死不如赖活着，哪怕人间不如天堂幸福，比地狱还痛苦，人还是要想尽办法活着，并尽量感受、挖掘生活之美。

天堂是什么？我认为它是个抽象的概念，同时也不仅仅是个概念。天堂，泛指一切好的环境。比如我们常说，和古代受压迫的农民比，和当代饱受战争摧残的人比，现在的中国人就好比生活在天堂里。这里的"天堂"，绝不同于大多数人印象中的死后要去的那个地方。这也从侧面反映出，"天堂"是一个多么被滥用的词汇。

地狱则恰恰相反，也是个抽象又不抽象的概念。说到一些人的生活环境，人们往往说："啊，那里真是一座地狱！"可见，天堂也好，地狱也好，都是对现实生活的一种描述。天堂既不在天上，地狱也不在地下，它们都在人间。

而白隐禅师的回答，则进一步告诉我们：每个人都是自己的地狱，也是自己的天堂。当你萌生行凶作恶之心时，你正在向地狱迈进；当你谦卑慈爱时，你已处在天堂里了。两者的转换，一念而已。

在“天堂”的原产地——西方，自然也少不了类似的故事。比如有个小故事说：

上帝派使者去视察地狱和天堂。使者先下到地狱，发现地狱里的人一个个面黄肌瘦，有气无力。是地狱里不给他们吃的吗？非也，不仅有吃的，伙食还不错，问题是上帝给他们的勺子太长，饿得发疯的人们怎么也送不到嘴里。一来二去，就会洒到地上，洒到地上就会像《西游记》里的人参果一样，马上消失不见，他们想从地上捡点都不行，于是地狱里的人就始终重复着“舀食物”——“够不着”——“洒到地上”——“然后消失”的悲惨生活，能不面黄肌瘦吗？

使者摇摇头，又上到天堂，发现天堂里的每个人都红光满面，精神焕发。是不是天堂里的伙食更好呢？不是，使者发现，不仅天堂里的伙食跟地狱里没有差别，而且天堂里的每个人手上拿的也是长把勺子。那他们为什么能够生活得那么和美欢畅呢？答案是：天堂里的人懂得用长把勺互相喂别人吃饭，而地狱里的人却只懂得往自己的嘴里塞。

这个故事可以看作对上面故事的补充，即天堂和地狱，并无区别，区别只在于里面的人。当一个社会中大多数人都是好人，即使有个把坏人也翻不起大滔天大浪时，那我们就可以说它是天堂；反之，当一个社会人心败坏，阴暗堕落，或者说很多人虽心怀善念，但囿于各种原因既难以反抗、又不能逃离时，那就可以说人们是生活在地狱里。事实上，毋宁认为，这种环境中的人，比活在地狱里还惨。毕竟在上面的故事中，地狱与天堂的各项生活待遇都不差，差的只是人品。而现实生活中的有些人，活得很惨，并不是因为他们人品有问题，而是别人有问题。如果说人间有命运这回事的话，这可能最好的例证了。

但是，正如人必须正视自己的命运，并尽力改变自己的命运而不是屈服于它一样，人也不能因为生在不尽如人意的世界而糟践自己生而为人的高贵。你生活的地方是不是天堂、是不是地狱不重要，重要的是你要做天使，要尽量做到出淤泥而不染，并尽自己可能为这个污浊的人间输送一些清新氧气，而不是把灵魂出卖给魔鬼。这样想的人多了，世界就是个有希望的世界。否则，谁也不能保障自己能在魔鬼纵横的世界里收获幸福，即使是带引号的“幸福”。

再来看一个小故事：

美国有个画家很想画耶稣，但长久以来找不到一个本性纯真的人做模特。一个偶然的机会，他在一家修道院里找到了一位修道士。修道士的外形、气质和秉性，都非常符合画家的要求。很快，画家推出了作品。人们被作品中耶稣的悲悯纯善所打动，画作屡获大奖，画家一举成名。为感谢修道士，画家给了他一份丰厚的报酬。

不久后，画家又想画魔鬼撒旦。与当初一样，画家始终找不到气质符合的模特。后来有人提醒他，为什么不到监狱里去找一找呢？画家一想也是，果然在一所监狱里找到了理想的人选。可是当画家告诉囚犯，他将被画成魔鬼时，囚犯竟然失声痛哭起来。

坏事都干了，难道你还在乎当一次撒旦的模特吗？画家不解地问他，然后跟他商量：“你为什么要哭，难道你不愿意做我的模特？我会付一大笔钱给你的……”

“别提钱！”囚犯突然显得很激动，他打断画家：“难道您忘了吗——以前您画耶稣时的模特就是我，想不到现在您要画魔鬼，找的还是我!”

画家大吃一惊，仔细一看，对面果然是当初本性纯真的修道士。“怎么会这样呢?”画家问修道士。

“唉!”修道士长叹一声，悔恨地说：“自从您给了我那笔钱之后，我便再也耐不住清修的寂寞，整天花天酒地。把钱花光之后，为了满足日益膨胀的欲望，我就去偷、去抢、去骗……最后……就到了这里。”

这个故事说明，人有一半是天使，有一半是魔鬼，是人，就有人性的弱点与人性的优点，也有一点点神性、魔性乃至兽性，有些人之所以表现出天使的一面，在于他们懂得彰显自己美好的一面，同时压制心中的撒旦；而另一些人，最初或许也不是有意地放纵自己的魔性，只是本着“人不为己、天诛地灭”的精神处世，久而久之，心中的魔鬼渐渐复活，并主宰其内心世界，难以回头。人们在诅咒一些坏人时，往往说，“你会下地狱的”，客观地说，这个真没准儿，毕竟有没有地狱还在两可之间，不过我们都知道，人间的监狱，早就为他们准备好了。

2. 天堂·地狱·人间

日本历史上的一休宗纯禅师，是连中国人都知道的著名奇僧。据说，一休悟道后，曾长期在日本各地云游，自称“狂云子”。有一天傍晚，云游在外的一休敲开一个农家，想借宿一晚。不料开门的竟是一位戴孝的妇人，原来这家的男主人刚刚去世，一休便说：“真是不幸，我去诵卷经超度他吧！”

妇人非常高兴，尤其是听说眼前这位僧人就是名满天下的一休之后，于是她原原本本地告诉一休，我的丈夫生前曾经做了不少坏事，并长期以捕鱼捉鸟为业，因此他病逝前常常为过去的罪孽不安，现在就请大师作法，让我的亡夫升往天堂吧！

一休点点头，不一会儿，诵毕经文，他特意要了一张纸，在纸上题了几个字，塞到死者手中，并告诉妇人：“好了！你丈夫的亡魂会升往天堂的，你放心吧！”

妇人非常感动，但她是个好奇的人，她想看看一休究竟在那张纸上写了些什么，竟有这么大的法力？于是她趁一休不注意打开纸条，只见上面写着：“这个人所犯的罪孽，像须弥山那么大，恐怕连阎罗王的账簿都记不完。”

妇人看了，感觉受了欺骗，说：“大师，你为什么要捉弄我呢？”

“我哪里捉弄你了？”一休说：“难道你不认为你丈夫的罪孽像须弥山那么大吗？”

“我承认，但您刚才答应了我要让他升往天堂啊！”

“没错啊！我这是写信告诉阎王，像他这样罪大恶极的人，应该放逐到天堂去，免得阎王在账簿上记来记去也记不完，多麻烦。你丈夫拿着这封信，必定可以升往天堂。”

故事中的一休禅师，其实是在借机点化那位妇人，犯了罪的人，跑到哪里，本质上还是个有罪的人。即使你能上天堂，也不代表你是个好人。这样的人，在天堂里的待遇也是可以想象的。想上天堂，想得到真正的天堂的待遇，唯一的办法就是尽量做个好人，少做恶业。否则，天堂这一“机构”的存在，本身就是一种不公平。

类似的场面我们在香港电影中也经常看到：一个杀人不眨眼的黑社会老大，因为仇杀等等原因，恶贯满盈，一众小弟及亡妻往往为其设下豪华的灵堂，和尚、道士、牧师，能请的全请到，请不到的就胁迫来，各施法术，助其往升天堂，保佑小弟们在下界抢地盘顺利，作案一帆风顺，嫖妓不得艾滋……当然，类似的场景也经常出现在广大农村地区，一场法事下来，往往顶得上死者生前数年的赡养费。至于死者是不是真能往生极乐，那根本不是孝子孝女们关心的问题，他们要的，只是个面子。法事，都是做给活人看的。

我们在前面说过，站在一个无神论者的角度，清楚地说，世界上并无具体的天堂与地狱。正因为其没有，所以才能确保其维持一种理论上的公正。否则，它必然会像人间的相应设施，存在种种潜规则，比如从前门进不了天堂，大可以凭借钱多走后门进，从前门进了地狱者，也大可以从旁门悄悄溜出。更有甚者，为了维持所谓的公正，那些天堂的执法者可能还要时不时地抓些无辜之人做替罪羊。再不济，也能搞个缓刑什么的。

我这么说，绝不是助长那些邪恶之人更加肆无忌惮，事实上，《圣经》在一开始时，也并没有明确地告诉世人，哪里是天堂，哪里是地狱，好人去哪里，坏人又去哪里。《圣经》以及牧师们明确地说：尘归尘，土归土！只是人们总是刻意地忽略这一点儿，一厢情愿地相信死后有灵魂的存在，且有个幸福的天堂在等待着苛求幸福的灵魂们。

所以在我看来，与其相信天堂与地狱，还不如相信伊甸园。人类的始祖亚当与夏娃，原本是幸福快乐地生活在里面的，只是因为没能忍受住魔鬼的诱惑，被上帝逐出了伊甸园。所以，人活人世间，要紧的是不犯错，不被现实版的上帝——法律和正义，逐出生活的伊甸园，让身体及良心都饱受地狱之苦（铁窗）。

说到地狱，尤其是说到地狱之苦，我们也有必要进一步指出，如果天堂不意味着是好人的接收站的话，那么地狱同样不意味着就是坏人最终的归宿。其实我们在前面已经说过，在人间承受着莫大痛苦的人，都无异于生活在活地狱里。地狱，不过是苦难的代名词。天堂与地狱，都只是人间的投影而已。

地狱是苦的，不管是传说中的，还是现实版的，这都是毫无疑问的，但是也不要一提地狱就皱眉头。曾经有人问历史上大名鼎鼎的赵州禅师："像大师这样的有道之人，会不会进地狱呢?"赵州禅师答："我第一个进!"这人不解："得道高僧怎么还进地狱？那修行有什么用?"赵州禅师说："我不下地狱，谁来教化你?"表面看来，赵州禅师的回答仅仅是一种机锋，或者说是对那个发问人的讽刺，实际上却不然，出家人讲究慈悲为怀，而赵州禅师在世时就被时人尊称为"赵州古佛"，他的回答很大程度上是出自真挚的慈悲心。正所谓"我不人地狱，谁入地狱?"佛祖也好，赵州也好，最可贵的地方就是这种大无畏的慈悲心。再者说，地狱也有地狱的公理，下地狱的人未必就会受苦，受苦的，永远都是那些行恶的人。

林肯的故事也很有启发意义。当年，林肯竞选州议员时，对手是当过牧师的赖特。为了胜出，赖特大肆攻击林肯不信上帝，让很多摇摆不定的人滑向了赖特的阵营。这天，赖特在教堂布道时，林肯特意前往，赖特一眼就发现了他，立即借机发难。他突然对大家宣布："愿意把心献给上帝，想进入天堂的人请站起来！"顿时，除了林肯，所有人都站了起来。赖特很得意，请大家坐下，一会儿，又故伎重施："不愿意下地狱的人请站起来！"除了林肯，大家又都站了起来。这时，赖特把矛头对准林肯说："林肯先生，天堂你不去，地狱你也不去，请问你要去哪里？"众人的眼睛都盯着林肯，只见林肯不慌不忙地说："我要到国会去！"刹时，教堂里响起了热烈的掌声。

这个故事说明了什么呢？很简单：我可以相信天堂，但你不能以诱惑的方式让我相信它；我也可以相信地狱，但你不要拿它来吓唬我！去天堂的人，不仅需要一颗善心，还需要一颗坚定的心，有主见的心，有智慧的心。不然，稀里糊涂地去了天堂，相信与稀里糊涂地活在人间，也差不了多少。

一句话，如果你劝人弃恶向善，就好好说，别拿天堂、地狱忽悠人。

第 30 章　潇洒走一回

1. 由它枯，任它荣

唐代的药山惟俨禅师有两个弟子，一名道吾，一名道膺。这天，师徒三人在禅院中打坐，禅师见院中一棵树长得很茂盛，旁边一棵树却即将枯死，便指着两棵树问两个弟子："那两棵树，是枯的好呢？还是荣的好？"

道膺说："荣的好。"

道吾说："枯的好。"

恰好一个小沙弥从旁边走过，药山又问小沙弥。

小沙弥说："枯的由它枯，荣的任它荣。"

三个答案，哪个比较高明呢？

是小沙弥。尽管他未必真的彻悟了人生，但歪打正着，恰好道出了禅家的人生态度，尤其是"面对生死"这一老大难问题的态度。

忘了是哪位西方作家在作品中写过，"小时候，我曾经以为我是个例外，直到死神迫近，我才不得不承认，我也逃不出他的魔掌……”相信大多数人也曾有过类似的美好幻想。这大概也是很多人信佛、信道、信上帝、信各种宗教的原始初衷，即人们信仰一些宗教，并不是想忏悔，而是想超脱生死，成仙得道，与天同寿。应该说，这种想法本身也没什么不好。如果有一种宗教确能让人超脱生死，我第一个去信它。然而，如果我们进一步问，“与天同寿”就能彻底解决生死问题吗？答案让人郁闷，因为从理论上说，世间万事万物都有其寿命，天的寿命再长，终究还是有其寿命的，而不是无穷无尽，早晚有寿终正寝的一天。说简单点，不管活多长，人总是要死的。这实在令人伤心——至少对从前的我来说是这样。

相信这也是大多数人的感受。人们之所以畏惧、纠结、痛苦于生死，主要原因或许并不是因为大家胆小，也不是人心不知足，而是因为生死不可预测、不能控制。所以，一提到生死，或者遭遇生死难关，再聪慧的人也往往变得愚蠢，再勇敢的人也往往变得懦弱，再坚强的人也往往变得脆弱。所以，人们干脆不提它，处处忌讳着与“生死”尤其是与“死”有关的话题。

然而，怕也没用，该来的终究还是要来。死是痛苦之事，但不是最痛苦的事。最痛苦的事，恰恰是人明知怕死也没用，还要怕死，从而影响了自己的心情，让自己天天笼罩在死亡的阴影中，生不如死。

所以禅家开导世人，要“枯的由它枯，荣的任它荣”。人们常说，人生一世，草木一秋。死亡，从种子萌芽开始，从胚胎萌芽开始，就已经进入了倒计时。这是自然规律，也是生命的规律，谁也无法阻止，无法逆转。每一棵树，都会不可避免地走向枯萎；每一个人，都无法阻挡大自然的残酷脚步，所能做的只能是“枯的任它枯，荣的任它荣”。

我们之所以认为“枯的任它枯，荣的任它荣”这句话高明，并不仅限于此，而是因为它在揭开人生残酷一面的同时，也告诉了我们，大自然自有其温情的一面。对于一棵树来说，枯死了，便永不能再复活，这是毫无疑问的事情，除非它不是真的枯死。然而伴随着它的死亡，它是不是会留下许多种子，延续自己的基因？动物也是如此，小到蝼蚁细菌，大到巨鲸猛象，生老病死，谁都难逃，但生物都会留下自己的后代，延续生命，是不是？为什么包括野兽在内的所有生物都会像爱自己一样爱自己的后代，甚至宁肯牺牲自己的生命也要保障孩子的性命？因为孩子正是它们自己的延续啊！

如能理智看待，我们还应认同，这其实是大自然最好的安排。这样，至少可以在最大限度上保证物种的延续。相反，假设造物主可以让生物在基因上做到不衰老，不生病那样，生物或许从理论上来说可以达到不死、不病、不老，但谁能保障它不出点别的意外呢？

还可以进一步联想，如果造物主既不让生物死，同时又让生物繁衍，那结果又会如何呢？首先是地球上挤满生物，其次是生物为了争夺生存资源，自然而然地选择消灭别的生物。到最后，还是要死，那样的死，岂不是比衰老导致的死亡更惨？

上述这些，并不都是禅家的理念，而是我自己对生死的一些思考。下面我们回归正题，再来看一个与生死有关的禅宗故事：

据说，一休自幼聪明过人。当他还是个小沙弥时，他见师父有一只来自中国唐代的瓷杯，非常珍爱。每次使用杯子时，师父都是小心翼翼。可惜的是，有一天，一休给师父打扫房间，一不小心把杯子打破了。一休非常愧疚，也怕师父斥责自己。就在这个时候，门外传来了师父的脚步声，一休赶紧把打破的茶杯藏在背后。当师父踱进房门时，一休已经想好了对策。

一休问师父："师父，人为什么一定要死呢？"

师父答道："这是自然之事。世间的一切，都有死期。有生就有死嘛。"

一休听了，立即拿出打破的茶杯，说："师父，您的茶杯死期到了！"说完，一休把茶杯碎片放在桌子上，也不等师父有所反应，就溜出了房门。

万物有生就有死，这是每个人都必须面对的自然规律，区别只在于坦然不坦然。没有死，又哪里显得出生的意义？与其效仿痴人枉费气力求什么长生不老，不如好好地活着，每一天都活出质量、品位与气度。人如此，物也如此，旧的不去，新的不来嘛！古董也是一个茶杯，既然它的死期已到，大限难逃，何不让它死得痛快点、潇洒点、幽默点？

佛家说："人身难得。"今已得，剩下的只是珍惜与不珍惜、觉悟与不觉悟、能不能坦然的问题。法国大哲学家布莱士·帕斯卡也说过："人只不过是一根苇草，是自然界最脆弱的东西；但他是一根能思想的苇草。用不着整个宇宙都拿起武器来才能毁灭，一口气、一滴水就足以致他于死命了。然而，纵使宇宙毁灭了他，人却仍然要比置他于死命的东西更高贵得多；因为他知道自己要死亡，以及宇宙对他所具有的优势，而宇宙对此却是一无所知……人的伟大是那样地显而易见，甚至于从他的可悲里也可以得出这一点来……因为若不是一个被废黜的国王，有谁会由于自己不是国王就觉得自己不幸呢？人们会觉得保罗·哀米利乌斯不再任执政官就不幸了吗？正相反，所有的人都觉得他已经担任过了执政官乃是幸福的，因为他的情况就是不得永远担任执政官。然而人们觉得柏修斯不再做国王却是如此之不幸——因为他的情况就是永远要做国王——以致人们对于他居然能活下去感到惊异。

谁会由于自己只有一张嘴而觉得自己不幸呢？谁又会由于自己只有一只眼睛而不觉得自己不幸呢？我们也许从不曾听说过由于没有三只眼睛便感到难过的。可是若连一只眼睛都没有，那就怎么也无法慰藉了。”

一句话，让我们感恩生命吧！我们主宰不了宇宙，但我们可以活出自己的小宇宙；我们无法长生不老，但我们可以尽量创造更灿烂的人生；我们甚至创造不了更灿烂的人生，但我们至少可以做到把握自己的心情，时刻保持一份好心情。事实上，一个人如果连这一点也悟不透，即使真有长生不老，对他来说也无异于一种没完没了的折磨！

2. 回家

一个患了爱滋病的男孩，被病魔折磨得奄奄一息，回光返照之际，他问爸爸：“我会死吗？”父亲心如刀绞，但仍微笑着回答：“是的，我的孩子！”男孩又问：“死很可怕吗？”父亲回答：“不，一点都不可怕，死后会去天堂，天堂是每个人最终都要去的地方，就像我们外出旅游，玩得很高兴，但同时也很累，于是我们盼着回家去。死亡就像回家！”

——上面这个桥段，出自一部名为《永不放弃》的美国电影。死亡就像回家！看似轻描淡写，实则沉重无比。死亡，这是个悲凉而沉重的话题，死后未必是回家，毕竟谁也没有回去过。即使它真的如回家，也没有人愿意回去。但人生就是如此，谁也躲不过那最终的归宿。所以，最好的办法就是给自己的心找个归宿。你可以把它看成地狱，也可以把它看成是天堂。一个人，只要满怀着回家的心情，即使是死亡，至少也不再那么令人恐惧。

与之相比，佛家的生死观可能更容易让人接受。佛家认为，人生如同住店，早晚都是要走的。不过佛家并不认为死亡就是回家，而是认为一切皆在轮回中，死亡也如住店，早晚都还是要转世投胎的。所不同的仅仅是下辈子投什么胎而已。对普通人来说，这个理论不啻最大的福音。因为死亡与活着，不过轮回的两面，死是暂时死，终究还会活，有什么可悲的？

当然这只是普通人的想法，是怕死的人一厢情愿的想法，也是世俗化了的佛法。我们在前面已经无数次从正面侧面提及，佛家的基本教义，是引导世人超脱生死轮回，因为轮回在佛家看来非但不是福音，反倒是个不断受苦的过程。只有超脱生死轮回，才能进入不生不死的最高境界。“不生不死”，这四个字似乎又让人看到了福音，尤其是后面两个字——“不死”。然而，“不死”前面不还有“不生”两个字吗？连“生”都没有过，还谈什么“死”呢？说白了，佛家的根本宗旨还是让人放下对死亡的恐惧，对生的执着，在还能把握的情况下，珍惜难得的人生。至于有些人愿意相信人死之后终究要活过来，那也是人之常情，无可厚非。

佛经中有一个故事：

有一个妇女，丈夫抛弃了她，她唯一的一个孩子又得病死了。妇女痛不欲生，抱着死去的孩子来到佛祖面前，请佛祖发大慈悲，无论如何要救活她的孩子，否则她也不要活在人世上了。佛祖说：要救活你的孩子也不难，但你必须去找到一户从来没有死过一个人的家庭，向这家人讨来一粒芥菜籽，我就能救活这个孩子。这个妇女满怀希望，几天几夜没合眼，没停步，走了无数的家庭，但却没有一个家庭是从来没有死过一个人的！最后她总算明白了：人总是要死的，每个家庭都经历了死去亲人的痛苦。佛祖顺势教导这个妇女说：死是人生最大的痛苦，要想解脱生死的烦恼，唯有皈依佛门，达到涅槃境地。于是这位妇女皈依佛门，出家做了比丘尼。

看到了吧，佛祖对于生死，也是无能为力的，他只能让人从理论上超脱死亡带来的痛苦。

人生如同住店——这也不是佛家的专利。魏文帝曹丕有诗云："人生如寄，多忧何为？"意思就是说，人生在世，就如同临时寄放在世间的物件，发那么多愁做什么？从积极的角度看，人身难得，如今已得；人生短暂，但总比没有强！至于来生，何必那么贪心！从悲观的角度看，人生是个彻头彻尾的悲剧，但这出悲剧至少是以喜剧开头的，还有那么一点点喜悦的片花，切不可对那些仅有的喜悦视而不见，让悲剧悲上加悲。无论怎么说，要紧的是过好今生，而不是让诸如"前世"、"来世"之类的概念困扰当下的生活。

下面我们再来看看道家的生死观。在这一领域，最著名、最高明的人士恐怕非庄子莫属。

《庄子》中记载，庄子的妻子死了，他的朋友惠施前往吊唁，一进门，却发现庄子坐在地上，一边敲打着瓦盆一边唱歌。惠子说："妻子跟你生活了一辈子，给你生儿育女，照顾你，如今死了，你不伤心也就算了，还敲着瓦盆唱歌，这也太过分了吧！"庄子说："你说得不对。她刚刚去世的时候，我何尝不难过得流泪！只是细细想来，她最初是没有生命的；不仅没有生命，也没有形体；不仅没有形体，也没有气息。在若有若无恍恍惚惚之间，那最原始的东西经过变化产生了气息，又经过变化产生了形体，又经过变化产生了生命。如今又变化如初始状态，这种变化就像春夏秋冬四季那样运行不止。现在她静静地安息在天地之间，而我却还要哭哭啼啼，这不是太不通达了吗？所以也就停止了哭泣。”

这段话集中表现了庄子的生死观。在庄子看来，生和死都是自然之事，由无生命变为有生命，由生命到死亡，都是自然而然的，不必为生而高兴，也不必为死而悲痛。因为悲痛也没用。

对自己的生命，庄子同样很看得开。

《庄子》中记载，庄子快要死了，弟子们打算用很多好东西为老师陪葬。庄子却说：“我把天地当棺椁，把日月当连璧，把星辰当珠玑，万物都是我的陪葬。我陪葬的东西难道还不完备吗？哪里还用得着再加上你们说的那些东西！”弟子们又说：“那棺椁至少得用吧，否则我们担忧老师的遗体被乌鸦和老鹰啄食。”庄子说：“弃尸地面将会被乌鸦和老鹰吃掉，深埋地下将会被蚂蚁和蛆虫吃掉，夺过乌鸦老鹰的吃食再交给蚂蚁蛆虫，这是多么的偏心！”

好一个达观的庄子！人从自然中来，就应该回到自然中去。没有乌鸦、老鹰、蚂蚁、蛆虫这些清道夫，自然也会不自然。只有在它们的帮助下，人类才能尽可能的“尘归尘、土归土”。

当然，我们都知道，庄子的“道家”是学术上的“道家”，而不是后世宗教上的“道家”。宗教上的“道家”，我们也已经讲过，其最吸引世人的地方，是倡导通过修炼得道成仙，吸风饮露，长生不老，用南怀瑾老先生的话说，这比佛家和基督教等都高明。

但是，所有这些，高明也好，不高明也罢，都只是理论而已。理论之外，死亡还在那儿摆着。当然，你可以不叫“死亡”，叫“涅槃”，叫“羽化”，叫“上天堂”，但说白了，还不是一个“死”字？原谅我把很多人头脑中唯一的一丝盼望都打上了残酷的烙印，但这就是我一个无神论者的真实想法。而我这么做的唯一目的，无非一句话：但愿活着的人都懂得珍惜，但愿大家在面对死亡时都能坦然，而不是在它还没到来时就备受其扰，而在大限将至时又生出种种遗憾：如果上天再给我一天的时间，我一定会……

当然，这些仅仅是针对于自己的生死观而言。如果换作是你的亲人朋友面临死亡，自然另当别论。事实上，我在去探望我那不幸罹患白血病的舅舅时，根本不知道该说些什么。

应该怎么说呢？倪萍在《姥姥语录》中写道：

……勇敢地面对死亡，接受这个不可改变的事实。我给自己打气儿，也试着给姥姥减少恐惧。

“这都是知道自己死不了的人给快死了的人送的不花钱的礼，一点用也不管。”姥姥笑着说出了一个真理。

“那管用的是什么？”

“管用的就是那个假话，你的病能好，你死不了。”

——你可以顶天立地笑谈自己的生死，但不会说话，千万别拿他人的生死信口开河！